文科用网络技术丛书

网站制作基础教程

郑伟 / 编著

WANGZHAN ZHIZUO JICHU JIAOCHENG

西南交通大学出版社
·成都·

内容简介

本书以文科类学生的网站制作为导向，以入门知识和基本概念为基础，以实际操作为主线，深入浅出地讲解静态网站制作所需的各种理论知识和操作技能。全书共分为 5 章，内容包括：网页制作基础知识、编辑网页基本元素、丰富网页的表现方式、网页内部使用动态技术、制作"浪漫化屋"网站首页。

本书是从"零"开始学习、浅显易懂、方便使用的基础教程，结合了理论讲解、案例分析、案例操作视频以及课后练习四个重要版块，让读者能够理解和掌握应用 Dreamweaver 制作静态网站的方法和技巧。

图书在版编目（ＣＩＰ）数据

网站制作基础教程 / 郑伟编著. —成都：西南交通大学出版社，2015.1（2019.1 重印）
（文科用网络技术丛书）
ISBN 978-7-5643-3721-6

Ⅰ. ①网… Ⅱ. ①郑… Ⅲ. ①网页制作工具－高等学校－教材 Ⅳ. ①TP393.092

中国版本图书馆 CIP 数据核字（2015）第 023449 号

文科用网络技术丛书

网站制作基础教程

郑 伟　编著

责 任 编 辑	黄淑文
封 面 设 计	墨创文化
出 版 发 行	西南交通大学出版社 （四川省成都市金牛区交大路 146 号）
发 行 部 电 话	028-87600564　028-87600533
邮 政 编 码	610031
网　　　　址	http://www.xnjdcbs.com
印　　　刷	成都蓉军广告印务有限责任公司
成 品 尺 寸	185 mm×260 mm
印　　　张	9.25
字　　　数	211 千
版　　　次	2015 年 1 月第 1 版
印　　　次	2019 年 1 月第 3 次
书　　　号	ISBN 978-7-5643-3721-6
定　　　价	25.00 元

课件咨询电话：028-87600533

前　言

随着网络技术和软件技术的日益发展，互联网已经渗透到各行各业，网站是互联网提供服务的基础，网页是宣传网站的重要窗口，因此学会网站制作已经成为互联网领域工作者最基本的技能之一。如何让非技术类专业（如新闻、广告和其他文科类）的学生掌握网站制作的知识和技能，学哪些有用、能用和够用的内容等，是目前教材编写过程所面临的实际问题。本书作者通过总结多年教学、科研实践经验，并结合文科技术型人才培养目标的特点编写了这本教材。

本书根据文科应用的特点，以基本概念、基础知识为起点，思路清晰、浅显易懂。本书注重学生实践动手能力的培养，通过大量的实践任务将知识点和实际操作结合起来。

全书共分为5章：网页制作基础知识，编辑网页基本元素，丰富网页的表现方式，网页内部使用动态技术，制作"浪漫花屋"网站首页。每章都分成若干个小节，每个小节又分成若干个实验任务。每个实验任务涉及几个知识点，用相应的典型范例将这些知识点连贯起来，学生通过完成实验任务的操作练习来理解知识点。教材中为每个实验任务设置了详细的流程，包括【学习目标】、【基本原理】、【操作环境】、【操作步骤】和【思考和练习】。

在本书的编写过程中，得到了四川大学锦城学院文学与传媒系主任毛建华教授的悉心点拨，得到了技术教研室吴治刚老师等的支持和帮助，借本书出版之际，向他们表示由衷的感谢。

在此，也特别感谢西南交通大学出版社对本书出版的大力支持，感谢西南交通大学出版社黄淑文编辑的关心帮助！

由于编者学识水平有限，加之编写工作时间较为紧张，书中难免有错漏之处，恳请广大读者批评指正。

编　者
2014 年 10 月

目　录

第 1 章　网页制作基础知识 ………………………………………………………… 1

1.1　Dreamweaver 简介 …………………………………………………………… 1

1.1.1　基本概念 ………………………………………………………………… 1

1.1.2　网页制作的相关软件 …………………………………………………… 2

1.1.3　Dreamweaver CS3 介绍 ……………………………………………… 3

1.2　创建和管理站点 ……………………………………………………………… 8

1.2.1　创建本地站点 …………………………………………………………… 8

1.2.2　编辑和删除站点 ………………………………………………………… 12

1.2.3　导入和导出站点 ………………………………………………………… 12

1.3　HTML 基本语法 ……………………………………………………………… 14

1.3.1　<meta>标记实现网页自动跳转 ……………………………………… 16

1.3.2　<marquee>标记创建滚动字幕 ……………………………………… 17

第 2 章　编辑网页基本元素 ………………………………………………………… 18

2.1　文本编辑 ……………………………………………………………………… 18

2.1.1　创建 HTML 主页 ……………………………………………………… 19

2.1.2　文本的输入与设置 ……………………………………………………… 20

2.1.3　插入日期和时间 ………………………………………………………… 23

2.1.4　设置列表 ………………………………………………………………… 24

2.1.5　插入特殊符号 …………………………………………………………… 24

2.2　图片编辑 ……………………………………………………………………… 26

2.2.1　网页设置背景 …………………………………………………………… 27

2.2.2　插入和设置图像 ………………………………………………………… 29

2.2.3　插入鼠标经过图像 ……………………………………………………… 31

2.3　插入音频和视频 ……………………………………………………………… 32

2.3.1　插入背景音乐 …………………………………………………………… 33

2.3.2　插入 Flash 视频 ……………………………………………………… 34

2.4　使用超级链接 ………………………………………………………………… 37

2.4.1　基本超链接 ……………………………………………………………… 38

2.4.2　弹出新窗口显示网页 …………………………………………………… 40

2.4.3　支持文件下载的超链接 ………………………………………………… 41

2.4.4　电子邮件超链接 ………………………………………………………… 42

2.4.5　网页内部跳转 …………………………………………………………… 43

2.4.6　图片热点超链接 ·· 47

2.5　使用表格 ·· 49

2.5.1　创建表格 ··· 50

2.5.2　表格的嵌套 ··· 52

2.6　使用框架布局网页 ·· 54

2.6.1　创建和保存框架页 ·· 55

2.6.2　编辑和使用框架页 ·· 59

2.6.3　自定义框架集 ··· 61

2.7　创建表单 ·· 62

2.7.1　制作用户注册表单 ·· 64

2.7.2　制作问卷调查表单 ·· 67

第 3 章　丰富网页的表现方式 ·· 71

3.1　创建 CSS 样式表 ·· 71

3.1.1　创建基本 CSS 样式表 ·· 71

3.1.2　创建独立文件 CSS 样式表 ·· 75

3.2　用 CSS 设置图文编排的网页 ·· 79

3.2.1　为文本创建 CSS 规则 ··· 80

3.2.2　为图片创建 CSS 规则 ··· 87

3.3　用 CSS 设置导航链接菜单 ··· 90

3.3.1　用 CSS 设置超链接样式 ·· 90

3.3.2　用 CSS 制作特效导航菜单 ·· 93

3.4　用 CSS 设置表格和表单样式 ·· 99

3.4.1　使用 CSS 创建表格样式 ·· 99

3.4.2　使用 CSS 创建表单样式 ··· 102

第 4 章　网页内部使用动态技术 ·· 105

4.1　使用层和时间轴 ··· 105

4.1.1　创建层 ·· 106

4.1.2　利用层制作图片水印效果 ·· 108

4.1.3　使用时间轴的关键帧制作图片切换 ·· 109

4.1.4　使用录制层路径制作漂浮广告 ··· 110

4.2　使用行为 ··· 112

4.2.1　打开浏览器窗口 ··· 113

4.2.2　弹出信息 ·· 114

4.2.3　显示和隐藏层 ·· 116

4.2.4　改变属性 ·· 118

4.2.5　设置状态栏 ··· 119

第5章　制作"浪漫花屋"网站首页 122

　5.1　"浪漫花屋"网站首页分析 122

　5.2　"浪漫花屋"网站首页制作 123

　　5.2.1　用表格布局首页框架 124

　　5.2.2　导入"Banner 图像" 126

　　5.2.3　制作"导航菜单" 126

　　5.2.4　制作"用户登录" 127

　　5.2.5　制作"本站快讯" 132

　　5.2.6　制作"鲜花分类" 132

　　5.2.7　制作"鲜花推荐" 136

　　5.2.8　制作"新品上市" 137

　　5.2.9　制作"版权声明" 137

参考文献 140

第1章　网页制作基础知识

1.1　Dreamweaver 简介

随着信息技术和网络技术的迅猛发展，人们获取信息的方式已经转向网络，同学们可以有效地利用网络资源进行学习和知识拓展。网络之中主要以网站的形式为用户提供各个领域的资讯和信息服务，同时，同学们了解和掌握 Internet 的一些基本知识和网页制作方法，对于网络信息的充分利用具有实用价值。本章将介绍 Internet 的基本知识和 Dreamweaver CS3 的操作界面。

1.1.1　基本概念

1．网　站

网站英文名为 Web site，是指在 Internet（因特网）上，使用通用语言制作的向外部发布特点内容的文件集合，其中网页是网站主要的组成部分，网站的第一个网页通常被称为主页或首页。

网页英文名为 Web page，是一种文件，一般以.htm 和.html 为后缀。网页上呈现的信息元素十分丰富，具体包括文本、图形、图像、声音、动画和超链接等。网页一般要通过浏览器进行阅读。目前主流的浏览器有 IE、Firefox、Chrome 等。

网站通常分为静态网站和动态网站。

静态网站是指将网页文件直接从服务器端传输到浏览器端，在此过程中浏览器端与服务器端不发生交互，而不是指网页内容处于静止状态。可以在静态网站中创建动态效果，比如 GIF 格式的动图、Flash 动画、JavaScript 脚本等。静态网站通常在网络带宽小、访问量比较大时使用。

动态网站是指网页文件在传输到浏览器端的过程中，需要与服务器端交互，通常是 Web 服务器与数据库之间相互访问并处理相关数据。动态网站的特点是网站支持后台管理和维护，网站支持的功能比较多，如用户注册、管理用户、信息发布和数据审核功能等。

2．HTTP

HTTP（Hyper Text Transfer Protocol，超文本传输协议）是负责浏览器端和服务器端之间建立相互沟通的渠道。当在网络中传输一些超文本信息时需要使用该协议，比如访问 Internet 上的网站时。在浏览器中输入网址时，必须以 "http://" 开头，但是通常情况下，在浏览器中输入网址时，只输入域名也可以访问，那是因为浏览器有自动补全的功能。

3．URL

URL（Uniform Resource Locator，统一资源定位器）是为查找 Internet 中的资源提供的一种资源定位系统。URL 通常被称为网址，网址由协议名、主机名、路径和文件名四部分组成，其格式为"协议名://主机名/路径和文件名"，例如，http://www.baidu.com/

4．HTML

HTML（Hyper Text Markup Language，超文本标记语言）是网络中常用的一种用于制作超文本文档的标记语言。当用户浏览具有 HTML 标记的网页时，浏览器会自动将标记解析成所规定的内容并将其显示在屏幕上。HTML 语言有特定的语法规则，后面的实验将会做详细的讲解。

5．CSS

CSS（Cascading Style Sheets，层叠样式表）是负责网页外观的一套格式规则。该规则可以实现网页结构与网页美化完全分离，这样可以使得网页内容相同，但网页外观完全不同，从而使网站轻松地实现更换皮肤的功能。CSS 文件还可以单独存放到一个位置，为整个网站提供调用和共享，从而提高网站设计与制作的效率。

6．域　名

域名英文名为 Domain Name，通俗地讲域名就是网站的门牌号，在网络中很容易被找到。个人、企业、政府和非政府组织都可以在域名注册商进行注册。域名的命名有一定的规范，通常由字母 a～z（不区分大小写）、数字 0～9 以及"-"、"."所构成的符号串组成。域名按照级别可以分为顶级域名和二级域名两种。

顶级域名按照性质可以分为".com"表示商业机构，".net"表示网络服务商，".org"表示非营利性组织，".gov"表示政府部门，".edu"表示教育机构。也可以注册国家顶级域名，".cn"表示中国域名，".ca"表示加拿大域名等。

二级域名是指顶级域名之下的域名，如"baidu.com"、"163.com"和"sina.com"都属于顶级域名".com"下的二级域名。

7．云空间

云空间英文名为 Cloud Hosting，是指利用网络技术使多台服务器协同工作，为用户提供大容量、高效率、多处理的收费网络服务。

1.1.2　网页制作的相关软件

1．Flash 网页动画制作软件

Flash 是目前网页矢量动画设计最流行的软件之一，有"网页三剑客"之一的美名，受到

众多用户的好评。Flash 制作的动画占用存储空间较小，有利于在网络中传输。从功能上讲，Flash 工具可以将图形、图像、声音和视频结为一体的矢量动画。从兼容方法讲，利用 Flash 制作的动画文件可以直接嵌入网页中进行播放。所以 Flash 工具受到众多动画制作者和网页设计者们的热爱。

2．Fireworks 网页图像编辑软件

Fireworks 是网络图形图像处理软件，它除了具有编辑图形图像功能以外，还可以制作 GIF 格式的动态效果的图像。通过 Fireworks 工具可以快捷地设计出网页效果，还可以将设计好的效果图导出生成 HTML 文件。Fireworks 工具是为 WEB 设计量身定做的一款软件，它是网页设计者们首选的图形图像处理软件。

3．Dreamweaver 网页制作软件

Dreamweaver 是目前较为流行的一款静态网站开发软件，它集成了较为全面的网站制作功能。包括集成、灵活、高效的开发环境，在开发环境中还提供"设计"、"代码"和"拆分" 3 种视图为一体，还包括 CSS 语言的可视化编辑功能，以及集成了较多的 Javascript 功能，不需要编写太多代码，也可以实现相同效果，从而提高了开发人员的开发效率。

本教程将以 Dreamweaver CS3 作为主要的演示工具，详细介绍通过该工具制作网页的步骤和技巧。

1.1.3　Dreamweaver CS3 介绍

初次启动 Dreamweaver CS3 时，软件会自动弹出【工作区设置】对话框，在该对话框中出现两个可选的工作布局——"设计器"和"编码器"，如图 1-1 所示。对于代码编程用户来说，通常选择"编码器"工作布局，如图 1-2 所示；而对于初学者来说，选择"设计器"工作布局更适合。

图 1-1　【工作区设置】对话框

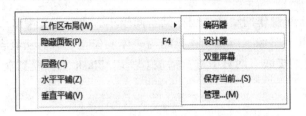

图 1-2　改变【工作区布局】

选择"设计器"选项后，点击【确定】按钮，进入 Dreamweaver CS3 操作界面，该操作界面主要由标题栏、菜单栏、文档窗口、插入栏和浮动面板组组成，如图 1-3 所示。

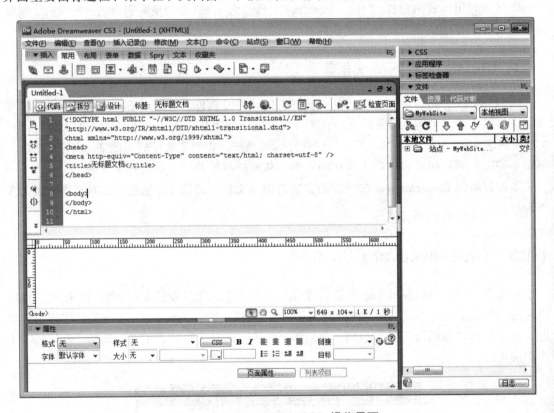

图 1-3　Dreamweaver CS3 操作界面

1．标题栏

标题栏主要显示正在编辑的网页文档信息，包括网页文件的存放路径和网页名称。如果对当前网页做了更改但并未保存，则文件名会追加一个星号在后面。

2．菜单栏

菜单栏将 Dreamweaver CS3 的所有常用功能划分为文件、编辑、插入等 10 项菜单。其中每项菜单有对应的快捷菜单，快捷菜单中又有对应的若干命令，如图 1-4 所示。

图 1-4　【查看】菜单和快捷菜单

3．插入栏

通过插入栏可以方便快捷地在网页中插入表格、超链接、图像等网页元素，用鼠标点击左边类别按钮进行切换，如图 1-5 所示。

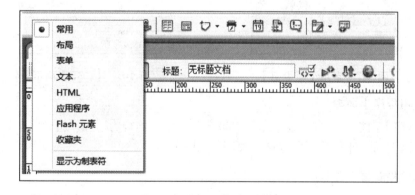

图 1-5　插入栏切换类别

4．文档窗口

文档窗口是编辑网页的主要窗口，在文档窗口中有"代码"、"设计"、和"拆分"3 个视图。在代码视图中可以编辑 HTML 代码。设计视图中的显示效果与浏览器预览的效果相似。拆分视图可以同时查看"代码"和"设计"视图，如图 1-6 所示。

图 1-6　3 种试图工具栏

5．浮动面板组

面板组是 Dreamweaver CS3 中按照不同的分类将许多功能集中到窗口的选项卡集合。每个选项卡可以展开和折叠，并且与其他选项卡组合和取消组合，所以被称为浮动面板。在实际的网页制作过程中，使用 Dreamweaver CS3 的浮动面板，可以将常用的面板显示在界面上，以便提高工作效率，如图 1-7 所示。

下面介绍 Dreamweaver CS3 中常用的 5 个面板。

1）【CSS】面板

【CSS】面板中包含"CSS 样式"和"层"两个选项卡。"CSS 样式"选项卡用于定义网页文档中元素的特定样式规则的列表集，"层"选项卡用于设置网页中层元素的格式化工具，如图 1-8 所示。

图 1-7　常用【面板组】

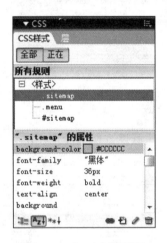

图 1-8　【CSS】面板

2）【应用程序】面板

【应用程序】面板中包含"数据库"、"绑定"、"服务器行为"和"组件"4 个选项卡，主要用于动态网页的设计与数据库管理，如图 1-9 所示。

3）【标签检查器】面板

【标签检查器】面板中包括"属性"和"行为"两个选项卡，主要对选定的标签进行属性和行为的设置工作，如图 1-10 所示。

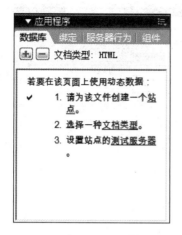
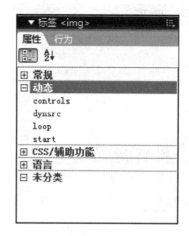

图 1-9　【应用程序】面板　　　　图 1-10　【标签检查器】面板

4）【文件】面板

【文件】面板中包括"文件"、"资源"和"代码片断"3 个选项卡。"文件"和"资源"选项卡主要提供站点资源的管理功能，"代码片断"选项卡提供快速插入集成好的代码片断到网页中，代码片断支持 JavaScript、HTML、ASP 和 JSP 等，如图 1-11 和图 1-12 所示。

图 1-11　【文件】选项卡　　　　图 1-12　【代码片断】选项卡

5）【属性】面板

【属性】面板是针对当前选定的网页元素的属性设置窗口。选定不同的网页元素，【属性】面板中的内容可能有所不同，如图 1-13 所示段落的【属性】面板和图 1-14 所示表格的【属性】面板。

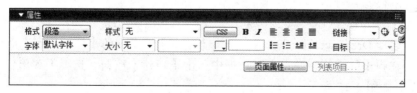

图 1-13　段落的【属性】面板

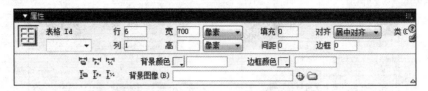

图 1-14   表格的【属性】面板

1.2   创建和管理站点

▰ 学习目标

（1）了解站点规划的相关知识；

（2）掌握在 Dreamweaver CS3 中创建和管理站点。

▰ 基本原理

从管理角度讲，站点是一种管理网站中所有内容的工具。通过站点可以实现文件的创建、编辑和删除等操作，还可以实现共享文件等功能。

从文件的角度讲，站点是一个用于存放网站所有相关内容的文件夹，同样可以在文件夹中创建和修改文件目录。

在创建站点之前，应该对站点结构进行规划。规划站点结构是利用不同的文件夹来存放不同的文件分类，使站点结构一目了然。在规划站点组织结构时有两点建议：

（1）文件夹名称在站点规划中有很重要的作用，好的名称应该能表达文件的大致内容。例如，要创建一个图片文件夹，通常命名为"image"。

（2）文件和文件夹的名称建议不使用中文命名，因为有时 Dreamweaver 软件会将中文名字解析为乱码，当预览网页时，有可能不能正常显示。

合理地规划站点结构，有助于设计者清晰地把握站点的整体设计和网站的组织结构，以便减少一些由于文件路径和链接导致的问题，从而节省时间、提高工作效率。

▰ 操作环境

电脑操作系统 Windows Vista/2007/2008、Dreamweaver CS3 软件，IE 浏览器。

1.2.1   创建本地站点

▰ 操作步骤

步骤 1   启动 Dreamweaver CS3 后，点击【站点】菜单中的【管理站点】命令。

步骤 2   在弹出的【管理站点】对话框中单击【新建】按钮，选择下弹出快捷菜单中的【站点】命令，如图 1-15 所示。

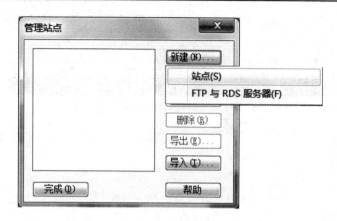

图 1-15 新建站点

步骤 3 在弹出的【未命名站点 1 的站点定义为】对话框中的"您打算为您的站点起什么名字？"文本框中输入站点名称为"MyWebSite"，单击【下一步】按钮，如图 1-16 所示。

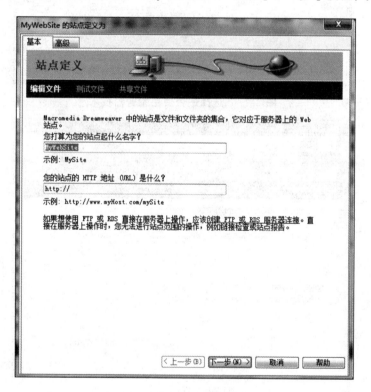

图 1-16 设置站点名称

步骤4 在当前窗口中用鼠标选中"否，我不想使用服务技术"单选按钮，单击【下一步】按钮，如图 1-17 所示。

步骤 5 在当前窗口中选中默认项，设置站点存储的位置，点击【下一步】按钮，如图 1-18 所示。

图 1-17　选择是否使用服务器技术

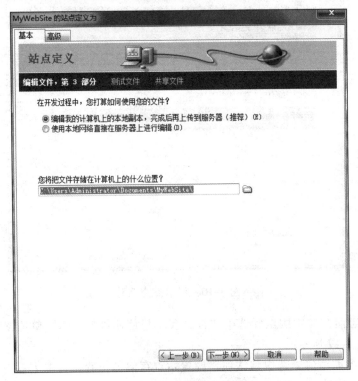

图 1-18　设置站点位置

步骤 6　在当前窗口中选中下拉列表中的"无",点击【下一步】按钮,如图 1-19 所示。

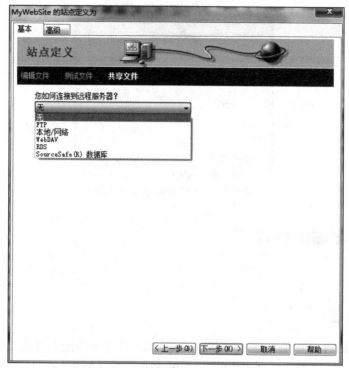

图 1-19 设置连接远程服务器的方式

步骤 7 当前窗口显示所有设置的信息，点击【完成】按钮，站点创建完成，回到【管理站点】对话框，如图 1-20 和图 1-21 所示。

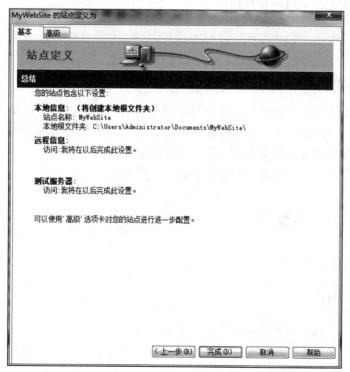

图 1-20 【完成站点的创建】

图 1-21　【管理站点】对话框

1.2.2　编辑和删除站点

1．编辑站点

■ 操作步骤

步骤 1　接 1.2.1 节中所创建的站点。点击【站点】菜单中的【管理站点】命令，在弹出的【管理站点】对话框中选择列表中的"MyWebSite"项（需要编辑的站点），单击【编辑】按钮，如图 1-21 所示。

步骤 2　重复"1.2.1 节"的操作，在每个弹出的对话框中对站点进行编辑，操作方法与创建基本相同，按照提示进行选择即可。

2．删除站点

■ 操作步骤

步骤 1　点击【站点】菜单中的【管理站点】命令，在弹出的【管理站点】对话框中选择列表中的"MyWebSite"项（需要删除的站点），单击【删除】按钮，如图 1-21 所示。

步骤 2　在弹出的对话框中单击【是】按钮删除所选站点。

步骤 3　点击【完成】按钮，删除站点返回【管理站点】对话框。

1.2.3　导入和导出站点

1．导入站点

■ 操作步骤

步骤 1　点击【站点】菜单中的【管理站点】命令。

步骤 2　在弹出的【管理站点】对话框中单击【导入】按钮，如图 1-22 所示。

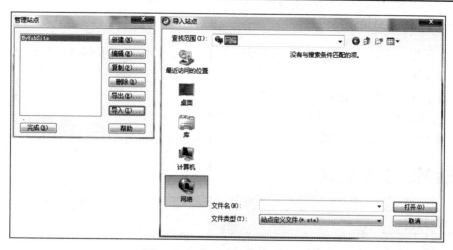

图 1-22　【导入站点】对话框

步骤 3　在弹出的【导入站点】对话框中，选择文件后缀为 ".ste" 的站点文件（可以按住 Ctrl 键选取多个站点同时导入）。

步骤 4　单击【打开】按钮后，刚刚导入的站点将显示在【管理站点】对话框中。

2．导出站点

操作步骤

步骤 1　点击【站点】菜单中的【管理站点】命令。

步骤 2　在弹出的【管理站点】对话框中选中 "MyWebSite" 项，然后单击【导出】按钮，如图 1-23 所示。

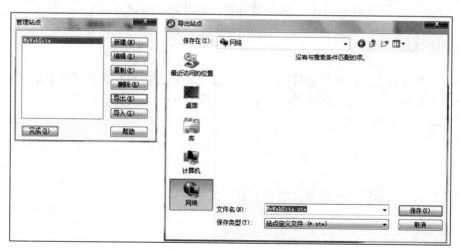

图 1-23　【导出站点】对话框

步骤 3　在弹出的【导出站点】对话框中，将文件后缀为 ".ste" 的站点文件保存到相应的位置。

步骤 4　单击【保存】按钮后，导出站点完成。

■■ **思考与练习**

从本节开始，我们将介绍网站创建的操作过程，请读者按照要求创建一个属于个人的网站，具体练习如下：

（1）创建一个名为"MyWeb"的站点；

（2）对"MyWeb"站点的位置进行设置和管理。

1.3　HTML 基本语法

■■ **学习目标**

（1）了解 HTML 的基本概念；

（2）掌握 HTML 常用的标记语法和用法。

■■ **基本原理**

HTML（Hyper Text Markup Language，超文本标记语言）是一种描述性的标记语言，是网页制作最基本的语言。通过 HTML 语言编写的超文本文档，浏览器可以解析文档中标记所描述的内容，并将其"翻译"在 Web 网页上，所以 HTML 语言编写的网页是跨平台的，只需要浏览器即可。

HTML 是一种文件，它的文件扩展名通常有".htm"或".html"，可以使用记事本、写字板、Dreamweaver 等工具来编写。

HTML 标记基本格式为<标记>内容</标记>。其中"<标记>"表示标记格式的开始，"</标记>"表示某标记的结束，"内容"通常放在标记的开始和结束之间。

1．超文本

超文本有两层含义：从网络链接的角度，是指使用超链接的方式将网络上不同空间的信息有效地连接起来；从文件类型的角度，是指超越文本表现形式，支持图片、声音、动画等多媒体展示的文件类型。

2．标　记

标记是指使用特定语法规则解释网页元素的一种描述。

3．语　言

语言是指 HTML 是一种简单的描述性语言。

4．HTML 基本语法

（1）HTML 标记通常分为单标记和成对标记，绝大部分标记是成对标记。

① 单标记：只需要一个标记即可完成表示的功能，如<hr/>、<img />。

② 成对标记：两个标记共同作用完成表示的功能，如<html>和</html>、<body>和</body>。

（2）标记可以看做是对象，是对象就会有属性，一个对象可能具有多个属性，不同对象拥有的属性有所不同。

（3）标记不区分大小写。

5．HTML 文档结构

HTML 文档中有 4 大标记"管家"，它们分别是<html>和</html>、<head>和</head>、<title><title/>和<body><body/>。这 4 个标记都有自己的含义和管辖的范围：一个 HTML 文档以<html>标记开始，以</html>标记结束，所以它管辖的范围最大；其次是<head></head>和<body></body>，分别管理网页的头部区域和网页的主体内容区域；最后是<title></title>标记，它应该放在<head></head>标记之间，是<head>标记的管辖区域。

构成最简单的 HTML 文档结构的标记如下：

1）<html>标记

<html>标记是 HTML 文档的开头标记，确定网页文档内容的起点，主要起着文档范围的作业。

2）<head>标记

<head>标记被称为头标记，必须放在<head>标记内，通常用于设置 HTML 文件的相关信息，如定义 CSS 样式、关键字搜索等。

3）<title>标记

<title>标记被称为标题标记，必须放在<head>标记内，主要用于设置网页标题，可以在浏览器的标题栏中查看到相关内容。

4）<body>标记

<body>标记被称为主体标记，必须放在<head>标记内，通常用于将网页中显示的主体内容放到该标记内，可以在浏览器的主体区域查看到相关内容。

它们之间的关系如图 1-24 所示。

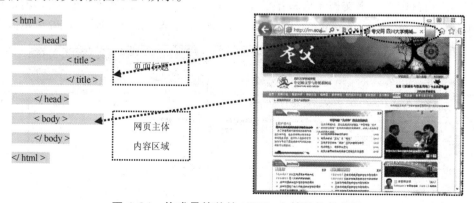

图 1-24　构成最简单的 HTML 文档结构的标记

下面通过具体操作来学习 HTML 中常用标记的使用方法和技巧。

操作环境

电脑操作系统 Windows Vista/2007/2008、Dreamweaver CS3 软件、IE 浏览器。

1.3.1　<meta>标记实现网页自动跳转

本节将以实现自动跳转的网页为例，介绍<meta>标记的基本语法和使用方法。

操作步骤

步骤 1　使用鼠标点击【文件】菜单中的【新建】命令。

步骤 2　在弹出的【新建文档】对话框中，选择【空白页】中的【HTML】，点击【创建】按钮，如图 1-25 所示。

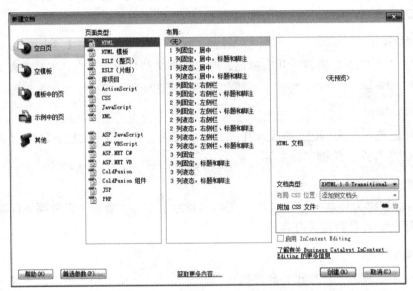

图 1-25　【新建文档】对话框

步骤 3　用鼠标点击【文档】面板中的【代码视图】按钮，在网页文档中添加如下代码 <meta http-equiv="refresh" content="3; url=http://lm.scujcc.com.cn" />，如图 1-26 所示。

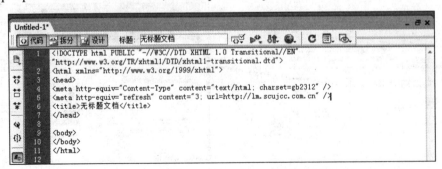

图 1-26　插入<meta>代码

提示说明：需要注意的是<meta>标记必须写在<head>、</head>标记之间。

步骤 4　点击【文件】菜单中的【保存】命令，然后再点击【文档】面板上的 ⬤ 图标，使网页在浏览器中预览，网页在 3 秒后自动跳转到网址为 "http://lm.scujcc.com.cn" 的网站。

1.3.2　<marquee>标记创建滚动字幕

本节以制作文字滚动效果的网页为例，介绍<marquee>标记的基本语法和使用方法。

■ 操作步骤

步骤 1　使用鼠标点击【文件】菜单中的【新建】命令。

步骤 2　在弹出的【新建文档】对话框中，选择【基本页】中的【HTML】，点击【创建】按钮。

步骤 3　用鼠标点击【文档】面板中的【代码视图】按钮，在网页文档的<body>、</body>标记之间添加代码<marquee>欢迎您来到文传系夸父网！</marquee>，如图 1-27 所示。

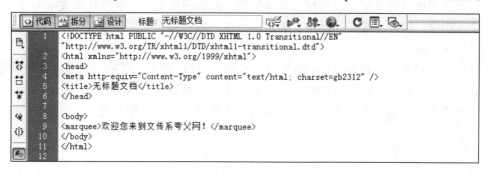

图 1-27　插入<marquee>标记

步骤 4　点击【文件】菜单中的【保存】命令，然后点击【文档】面板上的 ⬤ 图标，使网页在浏览器中预览，文字默认会从右向左滚动。

■ 思考与练习

本节介绍了 HTML 语言的基本语法，读者可以使用 HTML 语言对网页进行简单的编辑，具体练习如下：

1. 使用<head>、</head>成对标记来设置网页文件的头信息；
2. 使用<title>、</title>成对标记来设置网页的标题名称；
3. 使用<body>、</body>成对标记来编写网页的字体内容；
4. 使用<marquee>、</marquee>成对标记来实现网页内容的滚动效果。

第 2 章　编辑网页基本元素

2.1　文本编辑

■■ 学习目标

（1）认识 Dreamweaver CS3 的工作界面；
（2）熟练掌握网页文本的编辑以及设置文本格式的操作技巧。

■■ 基本原理

网页是新媒体时代基于互联网技术最常见的一种表现形式，它的展现形式十分丰富，主要由文字、图像、声音、视频、动画、表格、表单和超链接等元素组成。其中文字又是网页最常用的表现手段。

在网页当中对文本设置有大小、颜色、字体等，不同的文本设置可以突显内容的重要性。文本的操作是对文本的格式进行调整，不同的文本格式可以表现出内容的层次、排版和布局的特点，使得内容更有条理和逻辑性。文本有如下常用的几种操作方式：

1．段落文本

段落是网页中最常见的一种文本格式，网页中以<P>格式来表示段落，其作用是将内容分隔开，创建段落最简单的方法是：输入文本后，在需要设置段落的位置按下回车键；也可以选中文字，然后选择【属性】面板的【格式】下拉列表中的"段落"。

2．标题文本

网页中的标题有六种，它们分别是[标题 1]至[标题 6]，分别由 Hn[n 为 1～6]来表示不同的标题，格式是粗体，大小依次减小。标题的作用是可以将网页内容按照层次划分。创建标题的方法是：输入文本后，选中【属性】面板的【格式】下拉列表中的"标题"；也可以先选择"标题"，然后再输入文本。

3．列表文本

列表的特点是将内容清晰、有条理的分隔，便于用户更好地理解文本内容，默认情况下格式相同。列表分为【项目列表】（<UL>格式来表示）和【编号列表】（<OL>格式来表示）。创建【项目列表】的方法是：首先单击【属性】面板的【项目列表】图标，然后输入内容。若要创建多个相同列表的项，按下回车键输入内容即可；也可以先输入内容，然后单击【属性】面板的【项目列表】图标。【编号列表】也可以通过相同方法创建。

■ 操作环境

电脑操作系统 Windows Vista/2007/2008、Dreamweaver CS3 软件、IE 浏览器。

2.1.1　创建 HTML 主页

■ 操作步骤

步骤 1　接上例。在【文件】面板中，用鼠标点击站点下拉列表框，将其切换到 MyWebSite 。

步骤 2　使用鼠标右键单击"MyWebSite"站点列表项的根文件夹，选择弹出快捷菜单中的【新建文件】命令，将"untitled.html"默认的文件名改为"index.html"，按回车键确认修改。如图 2-1 所示。

图 2-1　新建网页

提示说明：网站的首页是一个网页文件，通常命名为 index 或 default，其意义代表是该网站的主页文件。

步骤 3　修改【文档】工具栏的"标题"默认值"无标题文档"为"LM 的主页"，如图 2-2 所示。

图 2-2　修改网页标题

步骤 4　选择【文件】菜单中的【保存】命令，然后点击【文档】面板中 🌐 图标快捷菜单中的"预览在 I Explore"命令，将 index.html 网页在浏览器中预览。如图 2-3 所示。

提示说明：要有及时保存网页的好习惯，这样可以减少或避免由于特殊原因导致网页内容丢失的损失，使得工作速度保持在理想状态。

步骤 5　若要对网页文件进行删除时，可以用鼠标右键点击【文件】面板中的"index.html"文件，选择弹出快捷菜单中【编辑】→【删除】命令，如图 2-4 所示。

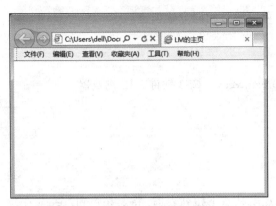
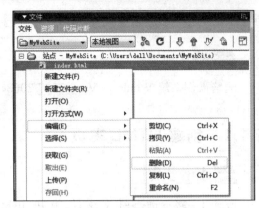

图 2-3　修改后的网页标题　　　　　　图 2-4　删除网页菜单

2.1.2　文本的输入与设置

文本是网页中用于记载和传递信息的最常见方式，当要访问一个纯文本的网页时，所需要的下载时间要比含有多媒体网页的时间短，因为一个汉字所需空间是 2 个字节，而多媒体所占的空间相比要大很多，所以当在网络带宽相同时，理论上纯文本的网页要比多媒体网页访问的速度上占优势。

在实际的网页设计中，不会以纯文本的方式呈现网页信息，一般要对文本格式进行设置，如：

1．文本标题

网页内容中的标题，具有概括大意和吸引眼球的作用，能让浏览者通过标题内容了解该网页要传达的主要思想。

2．文本段落

段落是网页中用于表达内容结构和层次的一种方式，每段落前必须空两个单位的字符。

3．文本大小

默认情况下，网页中文字有固定的大小，可以设置文字的大小来调整整体排版，以达到良好的布局效果。

4．文本字体

字体是文字的风格式样，在网页中统一的文字风格可以为网页的整体效果添加色彩，是网页风格统一性的一个维度。

5．文本颜色

颜色是网页中视觉传达的一种手段，运用好色彩可以为网页内容突出重点，但需注意色彩的搭配，如果滥用色彩，将会使网页变得花哨，使浏览者眼花缭乱。

操作步骤

步骤 1　接 2.1.1 节中的设置。在 index.html 的【设计视图】文档的第一行中输入"四川大学锦城文学与传媒系简介"文字信息，选中所有文字点击【属性】面板【格式】中的"标题 1"作为网页的主标题内容，如图 2-5 所示。

图 2-5　大标题设置

步骤 2　选中所有文字，点击【属性】面板【字体】中的"黑体"，如图 2-6 所示。

提示说明：如果默认字体中没有所需要的字体，可以从"编辑字体"列表中选择所需字体。所有的字体都来源于系统字体，若系统字体中没有所需的字体，则需要安装后才能查看和使用。

步骤 3　接下来，再点击【属性】面板中的【居中对齐】命令，如图 2-7 所示。

图 2-6　字体设置　　　　　　　**图 2-7　文字居中设置**

步骤 4　用鼠标点击大标题的末尾，光标闪烁处按下回车键，然后点击【插入】菜单【HTML】选项中的"水平线"命令，如图 2-8 所示。

图 2-8　插入水平线

步骤 5　点击【文件】菜单的【导入】→【Word 文档】命令，选择已编辑好的 word 文件，将文档中的内容快速导入到网页中。

提示说明：通常导入 word 文档内容到网页中时，部分格式需要重新在网页中设置，其他的文本格式设置如图 2-9 所示。

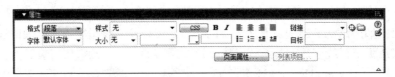

图 2-9　【属性】面板

步骤 6　点击【文件】菜单的【保存】命令，然后再点击【文档】面板的 图标，将网页在浏览器中预览，预览效果如图 2-10 所示。

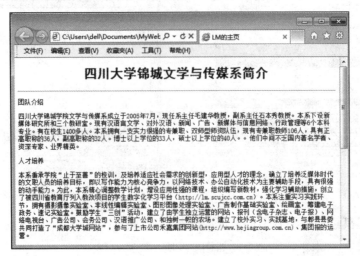

图 2-10　预览效果

2.1.3　插入日期和时间

■ 操作步骤

步骤 1　接上例。鼠标选择水平线的末尾，单击回车键，在光标闪烁的位置输入"来源：文传系　发布时间:"，然后点击【插入】菜单的【日期】命令，如图 2-11 所示。

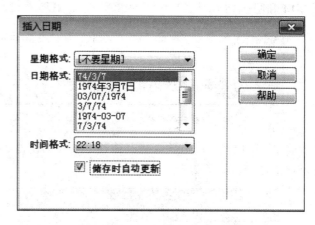

　　图 2-11　【日期】命令　　　　　　　　　　　图 2-12　插入日期

步骤 2　在【插入日期】对话框中选择"日期格式"和"时间格式"，然后点击确定按钮，即可添加完成，如图 2-12 所示。

提示说明：如果插入了日期，并勾选了【插入日期】对话框中的"存储时自动更新"选项，那么可以编辑日期格式。反之，插入的日期只是一段文本，不能再编辑日期格式。

步骤 3　用鼠标点击当前行的末尾，选择【属性】面板中的"居中对齐"命令，使当前段落处于居中对齐方式，如图 2-13 所示。

图 2-13　预览效果

2.1.4 设置列表

操作步骤

步骤 1 接上例。使用鼠标选中"团队介绍"所在行，然后点击【属性】面板中的 ⊟【项目列表】项，将文本设置为列表格式，同时再点击 **B**【粗体】项，将文本设置为粗体格式，如图 2-14 和图 2-15 所示。

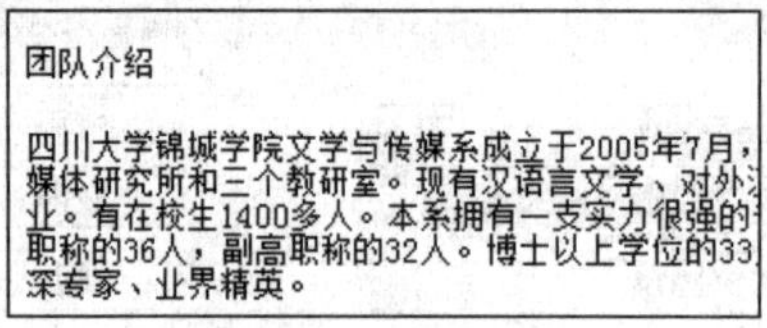

团队介绍

四川大学锦城学院文学与传媒系成立于2005年7月，媒体研究所和三个教研室。现有汉语言文学、对外汉业。有在校生1400多人。本系拥有一支实力很强的职称的36人，副高职称的32人。博士以上学位的33深专家、业界精英。

图 2-14　设置前

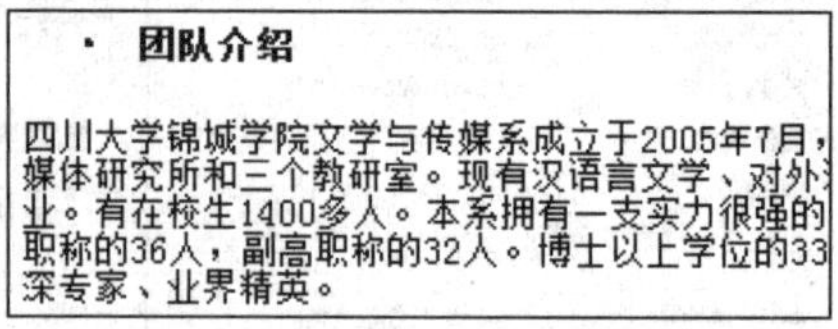

· **团队介绍**

四川大学锦城学院文学与传媒系成立于2005年7月，媒体研究所和三个教研室。现有汉语言文学、对外汉业。有在校生1400多人。本系拥有一支实力很强的职称的36人，副高职称的32人。博士以上学位的33深专家、业界精英。

图 2-15　设置后

步骤 2 使用相同的方法，将其他几个项分别设置为【项目列表】，选择【文件】菜单中的【保存】命令，如图 2-16 所示。

图 2-16　预览效果

2.1.5 插入特殊符号

网页中除了可以插入数字、字母和键盘上的字符以外，还可以插入一些特殊的符号，如版权符和注册商标等。其中网页中的"空格"也属于一个特殊符号，需要特殊操作。

操作步骤

步骤 1 接上例。将鼠标移至正文第一个段落的最前面，在光标闪动的位置选择【插入】菜单中的【HTML】→【特殊字符】→【其他字符】命令，如图 2-17 所示。

步骤 2 在弹出的【插入其他字符】对话框中选择第一个"空格"特殊字符，然后点击【确定】按钮，如图 2-18 所示。重复此操作，将每个段落的首行空两个单位的字符宽度，如图 2-19 所示。

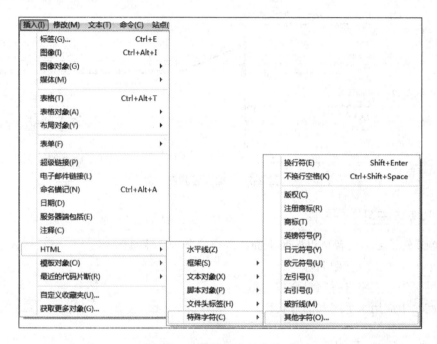

图 2-17 【其他字符】命令

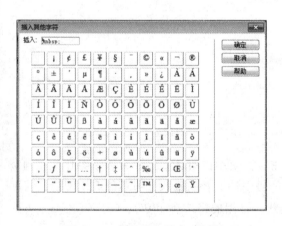

图 2-18 【其他字符】对话框

图 2-19 预览效果

提示说明：在网页中插入空格有许多方法，可以在所需要添加内容的代码视图中输入" "字符串，当浏览器预览时，它能够识别出该字符串代表的是一个空格。同理，若要添加多个空格，依次重复输入该字符串即可。

步骤 3 在网页的最底部添加一个段落，该段落用于网站声明的信息，信息主要有"联系我们"、"关于我们"、"版权声明"等，其中"版权声明"的符号是一种特殊符号为"©"，可以按照步骤 1 的方法将其插入，如图 2-20 所示。

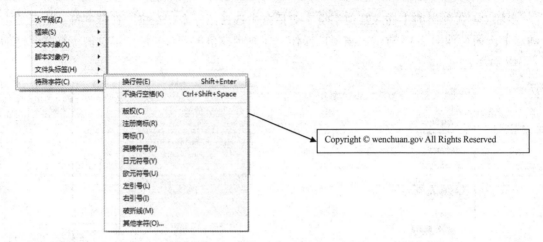

图 2-20　插入版权符

■ 思考与练习

通过本节的学习，读者可以按照下面的要求完善个人主页。

1. 为个人主页选取标题名称。

2. 为网页中的文字进行简单合理的编排。

3. 在网页中应用水平线和插入日期。

2.2　图片编辑

■ 学习目标

（1）了解常用的网页图片格式；

（2）熟练掌握图片的插入和设置技巧。

■ 基本原理

图片是生动、形象和富有吸引力的网页元素，网页中以<IMG>格式来表示图片，在网页中恰当运用图片，会使网页更加具有活力和更能吸引浏览者的眼球，但不能滥用图片，否则会使浏览者审美疲劳。网络图片支持很多种格式，常用的格式有 JPEG、GIF 和 PNG。下面分别对这 3 种格式简单介绍。

JPEG 是由联合照片专家组（Joint Photographic Experts Group）研发并制定的一套图片压缩格式。这种格式具有极高的压缩率，失真的效果不明显，所以通常用于显示色彩丰富的图片，是目前互联网上非常流行的图片格式。该格式扩展名为 ".jpg" 和 ".jpeg"。

GIF 的全称是 "Graphics Interchange Format"，原意是 "图像交换格式"，在网页中的图片格式可以以透明的方式显示，还支持多幅图片的连续播放，并保存为一张图片中的动画效果。该格式扩展名为 ".gif"。

PNG 的全称是 "Portable Network Graphic Format"，原意是 "可移植网络图形格式"，它

具有高保真性、透明性和占用空间小的特点。它综合了 JPEG 和 GIF 两种图片格式的优点，通常在网页中用于制作效果图，该格式扩展名为 ".PNG"。

图片标记 img 的常见属性如图 2-21 所示。

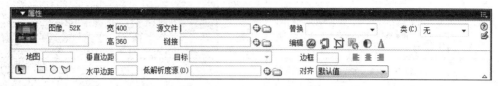

图 2-21　图片【属性】面板

（1）"图像"属性：设置图片的名字。

（2）"宽"属性：设置图片的宽度。

（3）"高"属性：设置图片的高度。

（4）"源代码"属性：设置显示图片的源文件地址。

（5）"链接"属性：设置图片超链接的链接地址。

（6）"替换"属性：设置图像的替换文本。

（7）"地图"属性：设置图像的热点区域名字。

（8）"垂直边距"属性：设置图片顶部和底部的空白距离。

（9）"水平边距"属性：设置图片左边和右边的空白距离。

（10）"目标"属性：设置图片超链接目标地址的打开方式。

（11）"边框"属性：设置图片四边边框的距离。

（12）"对齐"属性：设置周围文本对图像的排列方式。

本节以图片编辑的方法和技巧为重点，仍然以 "MyWebSite" 站点为例。

操作环境

电脑操作系统 Windows Vista/2007/2008、Dreamweaver CS3 软件、IE 浏览器。

2.2.1　网页设置背景

在网页制作的过程中，经常会为网页设置背景颜色或背景图像，可以通过【属性】面板的【页面属性】对话框来设置。下面介绍设置网页背景颜色和背景图像的具体操作。

操作步骤

步骤 1　接上例。使用鼠标双击 "MyWebSite" 站点列表中的 "index.html" 文件，然后单击【属性】面板中的【页面属性】按钮，在弹出的【页面属性】对话框中设置 "文本颜色" 值为 "white"（该值代表白色），设置 "背景颜色" 值为 "#999999"（该值代表灰色），如图 2-22 和图 2-23 所示。

提示说明：网页颜色赋值有两种方法，分别是色彩代码和英文名称。其中色彩代码的格式以 "#" 开头，如 "#999999" 就是以色彩代码的方式赋值。英文名称赋值方法，如 "white" 表示白色。需注意英文名称赋值前面没有 "#"。

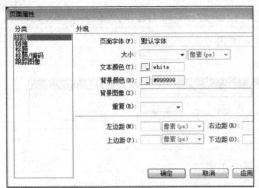
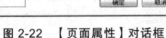

图 2-22　【页面属性】对话框　　　　　　　　　图 2-23　网页效果

步骤 2　使用鼠标右键单击"MyWebSite"站点列表项的根文件夹，选择弹出快捷菜单中的【新建文件夹】命令，将"untitled"默认的文件名改为"image"，按回车键确认修改，并将 3 张素材图片复制到站点的 image 文件夹中，如图 2-24 所示。

图 2-24　复制图片素材

步骤 3　在【页面属性】对话框中，单击"背景图像"属性的"浏览"命令，使用图片作为网页的背景图像，如图 2-25 所示。

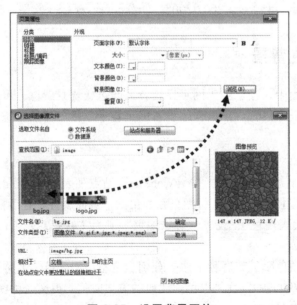

图 2-25　设置背景图片

提示说明：设置网页背景图像时，默认情况下背景图像将会平铺在网页内容的下层，可以设置"重复"下拉列表中的值来控制背景图像的效果，其中有 4 个属性如表 2-1 所示。

表 2-1　"重复"属性值

属性值	说　　明
不重复	按照一张原始图像大小作为背景图像显示
重　复	按照水平和垂直方向平铺图像显示
横行重复	只水平方向平铺图像显示
纵向重复	只垂直方向平铺显示图像显示

步骤 4　点击【文件】菜单的【保存】命令，然后再点击【文档】面板的 🌐 图标，使网页在浏览器中预览，预览效果如图 2-26 所示。

图 2-26　预览效果

提示说明：如果网页同时具有背景颜色和背景图像，则有背景图像的地方将会覆盖背景颜色，而没有背景图像的区域将会显示背景颜色。

2.2.2　插入和设置图像

操作步骤

步骤 1　接上例。使用鼠标双击"MyWebSite"站点列表中的"index.html"文件，在网页的第一行最前面按下回车键，将光标移至第一行，然后点击【插入】菜单中的【图像】，在弹出的【选择图像源文件】对话框中选择站点文件夹"image"中的"logo.jpg"图片文件，点击【确定】按钮，如图 2-27 所示。

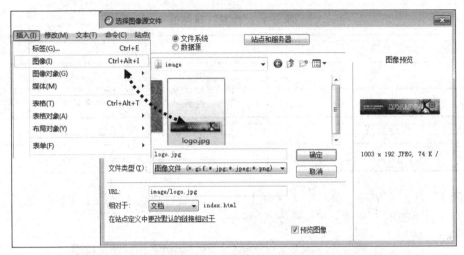

图 2-27 "插入图片"对话框

步骤 2 鼠标选中【设计视图】中的"Logo"图像，然后点击【属性】面板中【对齐】下拉列表中的"居中"命令，将图片居中对齐显示，如图 2-28 所示。

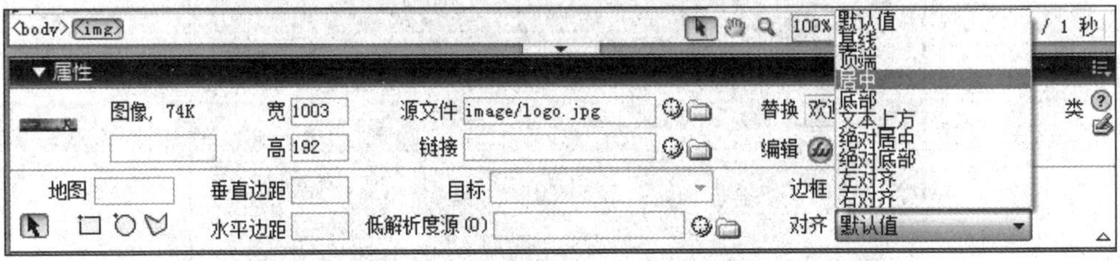

图 2-28 对齐方式对话框

提示说明：图片的对齐方式有多种，常用方式如表 2-2 所示。

表 2-2 图片对齐方式

属性值	说　明
默认值	以基线为准进行方式
基　线	图像的底部与当前文本的底部对齐
居　中	图像的中部与当前文本的底部对齐
左对齐	图片与网页的左边缘对齐，文字在右边环绕
右对齐	图片与网页的右边缘对齐，文字在左边环绕

步骤 3 同时，在【替换】属性中输入"欢迎访问 LM 的主页"值。

步骤 4 点击【文件】菜单的【保存】命令，然后再点击【文档】面板的 ● 图标，将网页在浏览器中预览，预览效果如图 2-29 所示。

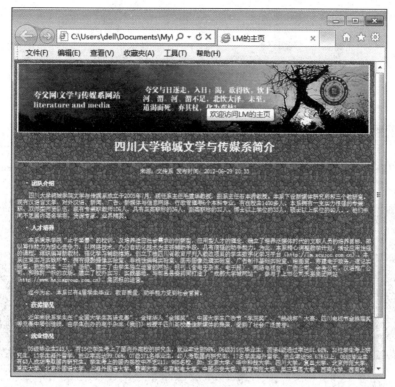

图 2-29　预览效果

2.2.3　插入鼠标经过图像

操作步骤

步骤 1　接上例。使用鼠标双击"MyWebSite"站点列表中的"index.html"文件，在【设计视图】中删除"logo"图像，点击【插入】菜单中【图像对象】的"鼠标经过图像"命令，如图 2-30 所示。

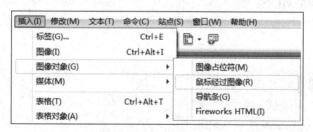

图 2-30　鼠标经过图像

步骤 2　点击【插入鼠标经过图像】对话框中"原图像"的【浏览】按钮，选择站点中 image 文件夹中的 logo.jpg 图像，点击"鼠标经过图像"的【浏览】按钮，选择站点中 image 文件夹中的 logo1.jpg 图像，如图 2-31 所示。

步骤 3　点击【文件】菜单的【保存】命令，然后再点击【文档】面板的 ⚫ 图标，使网页在浏览器中预览，预览效果如图 2-32 所示。

图 2-31　【插入鼠标经过图像】对话框

图 2-32　预览效果

■ **思考与练习**

通过本节的学习，读者可以按照下面的要求完善个人主页：

1. 为个人主页选取适合的主题图片素材；
2. 为个人主页设置背景图像；
3. 在个人主页中插入多张图像，并且实现图片的切换效果，给网页增添活力。

2.3　插入音频和视频

■ **学习目标**

（1）了解常用的音频和视频格式；
（2）熟练掌握音频的插入和设置技巧；
（3）熟练掌握 flash 动画的插入和设置技巧。

■ **基本原理**

音频和视频为网页内容注入了新的活力，合理运用这两种多媒体，能够给网页带来丰富且生动的展示效果。

音频经常作为网页的背景音乐使用，常用的音频文件格式有 MP3、WAV。MP3 是一种音频压缩技术，能够将音乐文件压缩到很小的程度，并且音频质量丢失小，是目前互联网上广泛流传的文件格式之一。WAV 是微软公司开发的一种支持数字音频的文件格式，文件所占空间比 MP3 要大些，该格式在 Windows 平台中应用最广泛。

视频经常用于网页的动画特效，常用的视频文件格式有 SWF 和 FLV。SWF 是使用 flash 软件生成的一种动画文件格式，该格式中可以内嵌丰富的图形、图像、声音和动画等元素，并且占用空间较小。在浏览器中播放该格式，必须安装 flash 播放器插件，否则无法正常播放。FLV 是支持流媒体传输的一种视频格式，该格式文件较小、加载速度较快，采用边播放边下载的流媒体技术。该格式是目前互联网上最流行的视频文件格式。

在网页中使用不同的 HMTL 标记来创建音频和视频对象，需要注意的是在网页中插入音频和视频后，有可能不能正常播放，这是因为浏览器播放这些对象需要相关的插件支持，所以需要安装相应的插件，才能使音频和视频对象在网页中正常播放。

■ 操作环境

电脑操作系统 Windows Vista/2007/2008、Dreamweaver CS3 软件、IE 浏览器。

2.3.1 插入背景音乐

在网页制作的过程中，会有很多不同文件类型的素材，为了方便快速查找和使用这些素材，可以将不同的文件类型分类存储到文件夹中。接下来的操作，会在根目录下创建一个名字为"music"的文件夹来存储音乐相关的素材。

■ 操作步骤

步骤 1 使用鼠标右键单击"MyWebSite"站点列表项的根文件夹，选择弹出快捷菜单中的【新建文件夹】命令，将"untitled"默认的文件名改为"music"，按回车键确认修改。并将 1 个名字为"bgsound.mp3"的文件复制到站点的 music 文件夹中，如图 2-33 所示。

图 2-33 复制图片素材

步骤 2 使用鼠标双击"MyWebSite"站点列表中的"index.html"文件，让光标定位到所需要添加音乐的位置，点击【插入】菜单中的【媒体】列表项的"插件"命令，如图 2-34 所示。

步骤 3 在弹出的【选择文件】对话框中，选择站点下"music"文件夹中的"bgsound.mp3"文件。在网页中会出现一个图标，该图标表示音乐文件是以插件的方式插入到网页中。

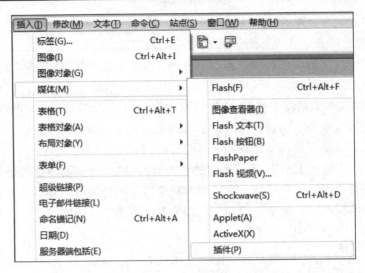

图 2-34　插入媒体

提示说明：在网页中插入音乐还有其他方法，如在【代码视图】的\<BODY\>与\</body\>之间插入"\<bgsound src='文件路径'/\>"代码，也可以实现背景音乐。

步骤 4　选中 图标，在下方出现插件的【属性】面板，如图 2-35 所示。

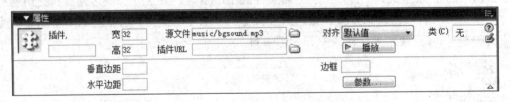

图 2-35　插件【属性】对话框

步骤 5　点击【文件】菜单的【保存】命令，然后再点击【文档】面板的 图标，使网页在浏览器中预览，打开网页时播放音乐文件。

提示说明：可以设置【插件属性】中的"参数"属性值，来控制开始播放和播放频率等，常用的属性值如表 2-3 所示。

表 2-3　"参数"常用属性说明

属性值	说　　明
Hidden	是否隐藏播放控件，值为"true"表示隐藏
Autostart	是否自动播放音乐，值为"true"表示自动播放
Loop	播放的次数，值为"-1"表示无限循环播放

2.3.2　插入 Flash 视频

Flash 视频有两种常用的格式，分别是".swf"和".flv"，这两种文件格式的插入有所不同，下面针对 2 个不同格式的 flash 文件插入，继续以"MyWebSite"站点为例，制作一个关于"学生感恩晚会"的网页视频主题。在进行此操作前需要在站点的根目录下创建一个名字为"flash"的文件夹来存储 flash 视频相关的素材。

■■ 操作步骤

步骤 1　使用鼠标右键单击"MyWebSite"站点列表项的根文件夹，选择弹出快捷菜单中的【新建文件夹】命令，将"untitled"默认的文件名改为"flash"，按回车键确认修改。并将 2 种不同格式的 flash 文件复制到站点的 flash 文件夹中，如图 2-36 所示。

图 2-36　复制图片素材

步骤 2　使用鼠标右键单击"MyWebSite"站点列表项的根文件夹，选择弹出快捷菜单中的【新建文件】命令，将"untitled.html"默认的文件名改为"flashDemo.html"，按回车键确认修改。

步骤 3　使用鼠标双击"flashDemo.html"文件，在【设计视图】中，让光标闪烁在第一行，单击【插入】菜单中【媒体】列表中的"Flash"命令，如图 2-37 所示。

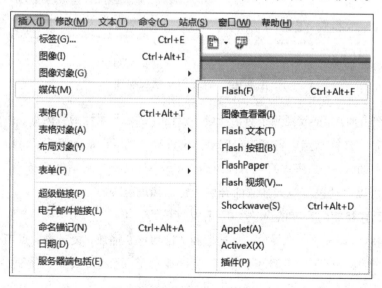

图 2-37　插入 SWF 格式视频

步骤 4　在弹出的【选择文件】对话框中，选择站点下"flash"文件夹中的"banner.swf"文件。在网页中会出现一个 flash 区域，点击该区域，下面出现 flash 的【属性】面板，如图 2-38 所示。

图 2-38　flash 属性

步骤 5　在【属性】面板中，勾选"自动播放"复选框，设置该 flash 为自动播放。

步骤 6　在【属性】面板中，勾选"循环"复选框，设置该 flash 为循环播放。

步骤 7　在网页中完成了文本和水平线的输入后，将光标移至插入 flash 视频的位置，点击【插入】菜单中【媒体】列表中的"Flash 视频"命令，如图 2-39 所示。

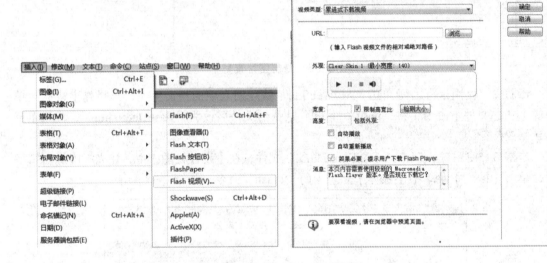

图 2-39　插入 FLV 格式视频

步骤 8　在【插入 flash 视频】对话框中，点击"URL"属性的"浏览"按钮，查找 flash 视频的文件路径，选择站点中名字为"flash"文件夹下的"student.flv"文件。

提示说明：插入 SWF 格式的对话框与插入 FLASH 视频的对话框有所不同，后者在浏览器中预览时，可以手动控制视频播放的开始、暂停和进度等。

步骤 9　设置视频的宽度值为"600"和高度值为"400"。

步骤 10　然后勾选"自动播放"复选框和"自动重新播放"复选框，点击【确定】按钮。

步骤 11　切换到网页的【属性】面板，点击【页面属性】命令，在【页面属性】对话框中，设置"文本颜色"属性值为"white"，设置"背景颜色"属性值为"#999999"。

步骤 12　点击【文件】菜单的【保存】命令，然后再点击【文档】面板的 🌐 图标，将网页在浏览器中预览，预览效果如图 2-40 所示。

图 2-40　预览效果

　　提示说明：网页中的视频除了 swf 和 flv 格式以外，还有其他常见的视频格式，如 avi、wmv 和 rmvb 等，一般浏览器中嵌入了 flash 播放器，所以对 flash 格式的视频兼容好，其他格式要求客户端安装相关的播放器才能播放，若不能正常播放视频，建议将视频文件通过"格式工厂"工具，转换为 flash 格式的文件即可。

■■■ **思考与练习**

通过本节的学习，读者可以按照下面的要求完善个人主页：
1. 为个人主页添加适合主题的音乐和视频文件；
2. 将这些添加在网页中的视频文件进行合理的布局设置，使得与网页风格相符；
3. 为这些文件进行合理的属性设置。

2.4　使用超级链接

■■■ **学习目标**

（1）了解哪些元素支持超链接；
（2）熟练掌握超级链接的设置技巧。

■■■ **基本原理**

超级链接是网页中使用最频繁的元素，它可以从网站中的一个网页跳转到另外一个网页或者是跨网站跳转，这使得网页具有灵活、快捷和层次清晰等特点。

超级链接在网页中常用的用途有：

（1）将网页中不同类别的信息进行分类，并且为这些不同分类的内容创建单独的网页，使用超级链接将它们连接起来。

（2）将一些资源文件通过下载的方式提供给别人，不需要单独创建网页，只需要创建超链接的方式，即可便捷地将资源文件与他人共享。

（3）当网页中的内容过多时，利用超级链接为浏览者提供一种网页内部跳转功能，使浏览者在访问网页时有一种交互体验。

网页中使用<a>标记来表示超级链接元素，具体格式如下：

<a href="http://www.baidu.com">百度</a>

其中路径分为相对路径和绝对路径两种。

相对路径：指的是在同一个站点或文件夹下，以当前文件路径为起点，进行相对文件查找。例如<a href="text.html">测试</a>，表示的是当浏览者点击超链接后，将打开当前文档所在的同目录中的 text.html 文档。若链接的文档与当前文档之间相隔了文件夹，可以使用"../"链接到上一级目录中的文档。例如<a href="../text.html">测试</a>，表示的是当浏览者点击超链接后，打开位于当前文档的上一级目录中的 text.html 文档。如果文档目录不止一级，可以根据该方法以此类推。

绝对路径：指的是包括协议、域名、文件夹和文件的完整路径。例如 http://www.baidu.com/search/index.html 是一个绝对路径。若链接其他服务器的文档或网页，则需要使用绝对路径。

■ 操作环境

电脑操作系统 Windows Vista/2007/2008、Dreamweaver CS3 软件，IE 浏览器。

2.4.1　基本超链接

基本超链接分为文本和图片超链接。它们的特点是，用鼠标经过这两种内容时，通常情况下，鼠标的形状会从原来的箭头变成手形，点击它可以访问所链接的网页，说明它们具有超链接。本章以"LM 的站点"为例，介绍设置基本超链接的方法和技巧。

■ 操作步骤

步骤 1　使用鼠标右键单击"MyWebSite"站点列表项的根文件夹，选择弹出快捷菜单中的【新建文件】命令，将"untitled.html"默认的文件名改为"introduce.html"，按回车键确认修改。

步骤 2　光标移至网页的第一行处，点击【插入】菜单的【图像】命令，选择站点目录下"image"文件夹中的"logo.jpg"。

步骤 3　用鼠标选中图片，然后点击下方【属性】面板中"链接"的◻图标，在弹出的【选择文件】对话框中，选择站点根目录下的"index.html"文件，如图 2-41 所示。

图 2-41　图片超链接

步骤 4　在图片的末尾，按下回车键，分别输入如下文字，如图 2-42 所示。

图 2-42　专业名称

步骤 5　用鼠标选中"主页"，然后点击下方【属性】面板中"链接"的 📁 图标，在弹出的【选择文件】对话框中，选择站点根目录下的"index.html"文件，如图 2-43 所示。

图 2-43　文本链接

提示说明：文件路径的指定，还可以将【链接】属性的右方 🎯 图标按下不放，然后再指向文件，即可达到相同的效果，如图 2-44 所示。

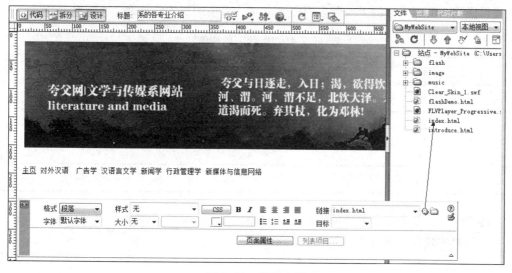

图 2-44　指向文件

步骤 6 点击【文件】菜单的【保存】命令，然后再点击【文档】面板的 图标，将网页在浏览器中预览，预览效果如图 2-45 所示。

图 2-45 预览效果

提示说明：默认情况，为图片或者文字添加超链接后，打开方式是在当前窗口中显示目标链接网页。如果希望目标网页在新窗口中显示，那么需要对【目标】属性做设置。

2.4.2 弹出新窗口显示网页

本节接着上节继续完善"introduce.html"网页的制作。在上节介绍了文字和图片超链接的设置与使用，在实际的超链接运用中，需要站在浏览者的角度去思考，如果浏览者访问的当前网页是网站的主要页面，浏览者单击超链接时，建议采用打开新窗口显示链接网页，这样不会关闭主要网页，浏览者可以通过切换窗口继续访问主要网页中所提供的其他信息。

■■ 操作步骤

步骤 1 使用鼠标双击"MyWebSite"站点根目录下的"introduce.html"文件，选中网页中的图片，在下方【属性】面板中选择【目标】下拉列表的"_blank"项。

提示说明：目标属性的下拉列表有多个选项，常用的属性值如表 2-4 所示。

表 2-4 "目标"属性值

属性值	说　明
_blank	弹出新窗口打开链接
_parent	在含有框架页中的父窗口中打开链接
_self	在当前窗口打开链接（默认值）
_top	在含有框架页的当前窗口打开链接

步骤 2 点击【文件】菜单的【保存】命令，然后再点击【文档】面板的 图标，将网页在浏览器中预览，预览效果如图 2-46 所示。

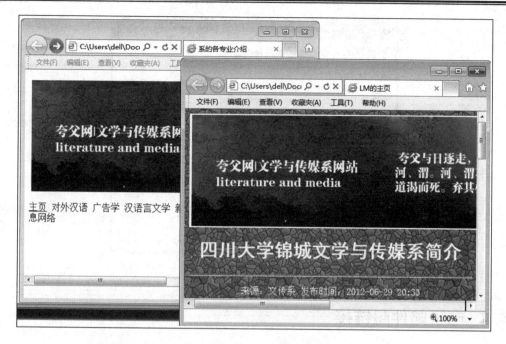

图 2-46　新窗口显示链接

2.4.3　支持文件下载的超链接

超链接的链接地址除了指定网页文件外，还可以指定非网页类型的文件，如 doc、ppt 和 rar 等文件类型，浏览器不能直接预览这些文件里面的内容，当点击链接后，会自动弹出"文件下载"窗口，进入文件下载模式。

■■ 操作步骤

步骤 1　用鼠标选中需要支持下载的链接内容，然后点击下方【属性】面板中"链接"的图标，在弹出的【选择文件】对话框中，选择站点根目录下的"专业介绍.doc"文件，如图 2-47 所示。

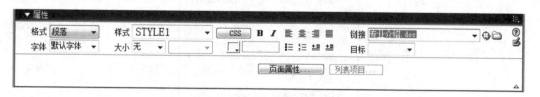

图 2-47　设置下载文件链接

步骤 2　点击【文件】菜单的【保存】命令，然后再点击【文档】面板的图标，使网页在浏览器中预览，当链接内容不能直接被浏览器打开的文件时，浏览器将进入"下载文件"窗口，如图 2-48 所示。

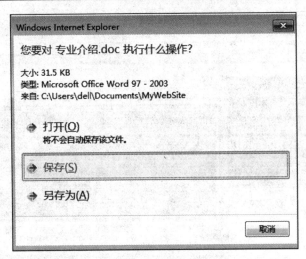

图 2-48　下载文件

2.4.4　电子邮件超链接

电子邮件超链接与基本超链接的预览效果有所不同，点击具有电子邮件的超链接后，浏览器会自动打开本地的 outlook 电子邮件管理软件，并将收件人的地址显示出来，下面将介绍创建电子邮件超链接的基本方法。

操作步骤

步骤 1　将鼠标移至"introduce.html"网页中的最后一段，然后点击【插入】菜单中的【电子邮件链接】命令，如图 2-49 所示。

插入(I)	修改(M)	文本(T)	命令(C)	站点(
标签(G)...			Ctrl+E	
图像(I)			Ctrl+Alt+I	
图像对象(G)			▶	
媒体(M)			▶	
表格(T)			Ctrl+Alt+T	
表格对象(A)			▶	
布局对象(Y)			▶	
表单(F)			▶	
超级链接(P)				
电子邮件链接(L)				
命名锚记(N)			Ctrl+Alt+A	

图 2-49　设置电子邮件超链接

步骤 2　在弹出的【电子邮件链接】对话框的【文本】输入框中输入"联系我们"，在【E-mail】输入框中输入 1120343094@qq.com，如图 2-50 所示。

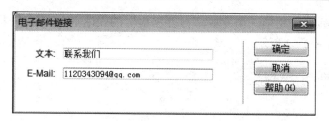

图 2-50　【电子邮件链接】对话框

步骤 3　点击【确定】按钮，一个电子邮件超链接就创建完成了。

提示说明：文字和图片都可以作为电子邮件超链接的设置对象，可以在【属性】面板中的【链接】输入框中输入电子邮件地址，输入的格式必须是"mailto:" + "正确的电子邮件地址"，如"mailto:1120343094@qq.com"。

2.4.5　网页内部跳转

网页内部跳转是运用超链接和锚记，在网页内同时设置触发点和锚点，点击触发点后，网页内容主要显示区域将直接定位到锚点。当网页内容比较长，使用滚动条方式寻找信息比较麻烦时，可以设置网页内的超链接，为浏览者提供快捷定位到所需内容处的方法。创建网页内部跳转有两个环节：创建命名锚记和创建命名锚记对应的链接。

本节接着上节继续完善"introduce.html"网页的制作，介绍网页内部跳转的使用方法和技巧。

■ 操作步骤

步骤 1　接上例。在"introduce.html"网页中输入好相关专业的介绍文本，如图 2-51 所示。

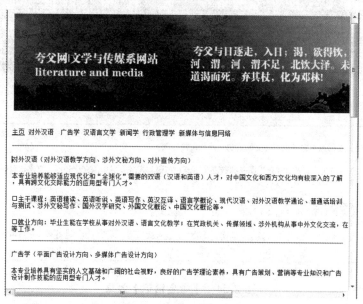

图 2-51　输入专业介绍

步骤 2　将光标移动到第一个专业"对外汉语"的段落前，点击【插入】菜单中的【命名锚记】命令，如图 2-52 所示。

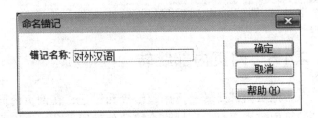

图 2-52　【命名锚记】命令　　　　　　　　　图 2-53　【命名锚记】对话框

步骤 3　在弹出的【命名锚记】对话框中输入"对外汉语"，然后点击【确定】按钮，如图 2-53 所示。在该段落的最前面会出现⚓小图标，如图 2-54 所示。

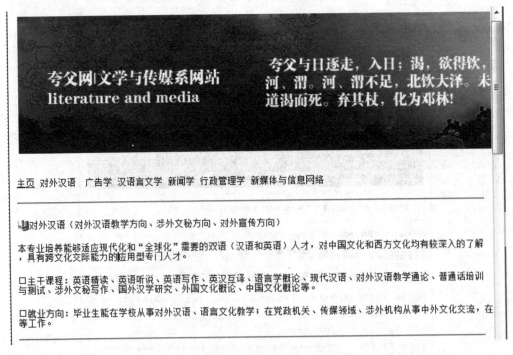

图 2-54　【命名锚记】效果

步骤 4　依次将其他专业的段落前方，分别插入不同名称的命名锚记，如图 2-55 所示。

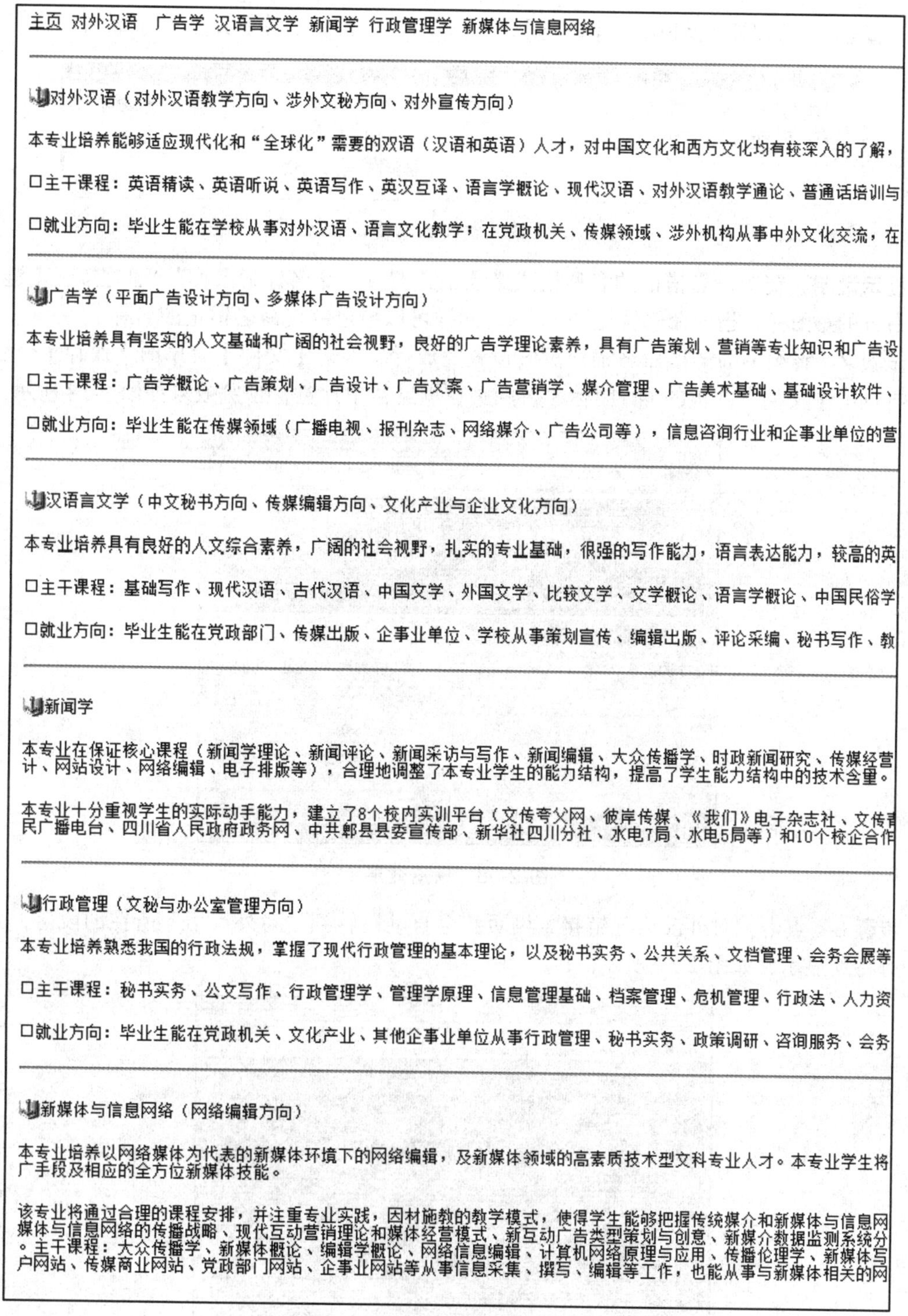

主页 对外汉语　广告学　汉语言文学　新闻学　行政管理学　新媒体与信息网络

对外汉语（对外汉语教学方向、涉外文秘方向、对外宣传方向）

本专业培养能够适应现代化和"全球化"需要的双语（汉语和英语）人才，对中国文化和西方文化均有较深入的了解，

□主干课程：英语精读、英语听说、英语写作、英汉互译、语言学概论、现代汉语、对外汉语教学通论、普通话培训与

□就业方向：毕业生能在学校从事对外汉语、语言文化教学；在党政机关、传媒领域、涉外机构从事中外文化交流，在

广告学（平面广告设计方向、多媒体广告设计方向）

本专业培养具有坚实的人文基础和广阔的社会视野，良好的广告学理论素养，具有广告策划、营销等专业知识和广告设

□主干课程：广告学概论、广告策划、广告设计、广告文案、广告营销学、媒介管理、广告美术基础、基础设计软件、

□就业方向：毕业生能在传媒领域（广播电视、报刊杂志、网络媒介、广告公司等），信息咨询行业和企事业单位的营

汉语言文学（中文秘书方向、传媒编辑方向、文化产业与企业文化方向）

本专业培养具有良好的人文综合素养，广阔的社会视野，扎实的专业基础，很强的写作能力，语言表达能力，较高的英

□主干课程：基础写作、现代汉语、古代汉语、中国文学、外国文学、比较文学、文学概论、语言学概论、中国民俗学

□就业方向：毕业生能在党政部门、传媒出版、企事业单位、学校从事策划宣传、编辑出版、评论采编、秘书写作、教

新闻学

本专业在保证核心课程（新闻学理论、新闻评论、新闻采访与写作、新闻编辑、大众传播学、时政新闻研究、传媒经营计、网站设计、网络编辑、电子排版等），合理地调整了本专业学生的能力结构，提高了学生能力结构中的技术含量。

本专业十分重视学生的实际动手能力，建立了8个校内实训平台（文传夸父网、彼岸传媒、《我们》电子杂志社、文传青民广播电台、四川省人民政府政务网、中共郫县县委宣传部、新华社四川分社、水电7局、水电5局等）和10个校企合作

行政管理（文秘与办公室管理方向）

本专业培养熟悉我国的行政法规，掌握了现代行政管理的基本理论，以及秘书实务、公共关系、文档管理、会务会展等

□主干课程：秘书实务、公文写作、行政管理学、管理学原理、信息管理基础、档案管理、危机管理、行政法、人力资

□就业方向：毕业生能在党政机关、文化产业、其他企事业单位从事行政管理、秘书实务、政策调研、咨询服务、会务

新媒体与信息网络（网络编辑方向）

本专业培养以网络媒体为代表的新媒体环境下的网络编辑，及新媒体领域的高素质技术型文科专业人才。本专业学生将广手段及相应的全方位新媒体技能。

该专业将通过合理的课程安排，并注重专业实践，因材施教的教学模式，使得学生能够把握传统媒介和新媒体与信息网媒体与信息网络的传播战略、现代互动营销理论和媒体经营模式、新互动广告类型策划与创意、新媒介数据监测系统分。主干课程：大众传播学、新媒体概论、编辑学概论、网络信息编辑、计算机网络原理与应用、传播伦理学、新媒体写户网站、传媒商业网站、党政部门网站、企事业网站等从事信息采集、撰写、编辑等工作，也能从事与新媒体相关的网

图 2-55　完成插入【命名锚记】

步骤 5　用鼠标选中网页中的 "对外汉语"文字，如图 2-56 所示。

主页 对外汉语　广告学　汉语言文学　新闻学　行政管理学　新媒体与信息网络

图 2-56　选中链接文字

步骤 6　在【属性】面板中的【链接】输入框 □□□□□▼ 中输入"#对外汉语",如图 2-57 所示。

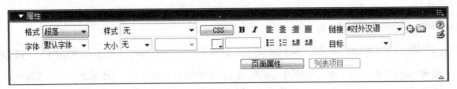

图 2-57　输入链接命名锚记名称

提示说明:链接命名锚记的名称格式必须是"#"+"命名标记名称"。通过按下【链接】属性右方的◎图标,指向命名锚记图标 ⤵,同样可以指定链接命名锚记的名称。

步骤 7　将剩下的链接命名锚记对应设置完成后,点击【文件】菜单的【保存】命令,然后再点击【文档】面板的 ◎ 图标,将网页在浏览器中预览,预览效果如图 2-58 所示。

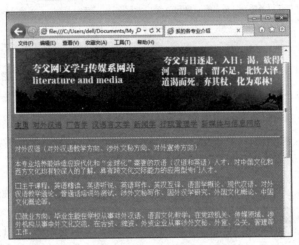

图 2-58　预览效果

步骤 8　点击"对外汉语"链接,网页将会自动跳转到"对外汉语"所在的段落,并在第一行将其显示,如图 2-59 所示。

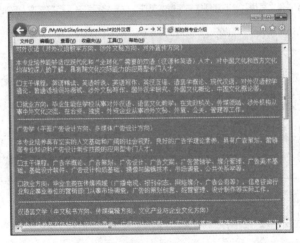

图 2-59　预览效果

2.4.6 图片热点超链接

基本图片超链接是将整个图片添加一个链接地址，而图片热点超链接是普通图片超链接的有力扩展。图片热点超链接可以将一幅图片划分任意多个区域，不同的区域可以设置不同的超链接，主要用在展示图像热区和图像地图等方面。

本节继续以"LM 的站点"为例，创建一个图片热点超链接网页，介绍设置网页图片热点超链接的方法和技巧。

操作步骤

步骤 1 接上例。使用鼠标右键单击"MyWebSite"站点列表项的根文件夹，选择弹出快捷菜单中的【新建文件】命令，将"untitled.html"默认的文件名改为"major.html"，按回车键确认修改，如图 2-60 所示。

步骤 2 使用鼠标双击"major.html"文件，光标移至网页的第一行处，点击【插入】菜单的【图像】命令，选择站点目录下"image"文件夹中的"major.jpg"，如图 2-61 所示。

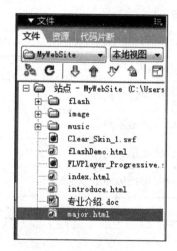

图 2-60 创建网页

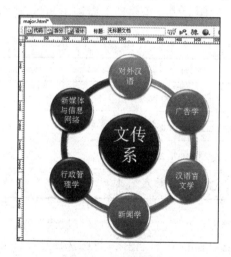

图 2-61 插入图片

步骤 3 使用鼠标点击图片，下方是图片的【属性】面板，如图 2-62 所示。

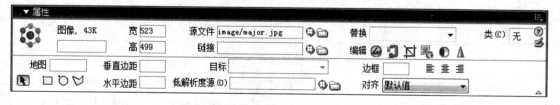

图 2-62 图片【属性】面板

步骤 4 在图片的【属性】面板中点击左下方的 ◯（圆形热点工具）按钮，然后将鼠标移动到图片上，在图片的"对外汉语"区域绘制大小相似的圆形区域，如图 2-63 所示。

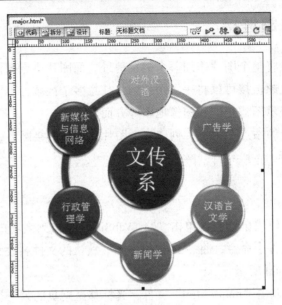

图 2-63　绘制热点区域

提示说明：图片【属性】面板中的热点区域工具有 4 种，如表 2-5 所示。

表 2-5　热点区域工具

工　具	说　　明
指针热点工具	鼠标选取状态
矩形热点工具	可以绘制矩形和正方形
椭圆形热点工具	可以绘制正圆或椭圆形
多边形热点工具	可以绘制多边形和不规则形

步骤 5　在当前绘制的"对外汉语"热点区域【属性】面板中的【链接】输入框中输入"introduce.html#对外汉语"，目标选择"_blank"，如图 2-64 所示。

图 2-64　设置热点区域属性

提示说明：完成绘制热点区域后，可以利用 （指针热点工具），来调整热点区域的大小、位置等。如果要删除绘制完成的热点区域，必须点击 （指针热点工具）后，按【Delete】键进行删除。

步骤 6　所有的热点区域绘制完成后，点击【文件】菜单的【保存】命令，然后再点击【文档】面板的 图标，将网页在浏览器中预览，预览效果如图 2-65 和图 2-66 所示。

图 2-65　预览效果

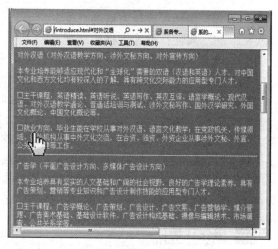

图 2-66　热点链接

思考与练习

本节介绍了超链接的功能，读者可以按照要求完善个人主页，具体如下：

（1）为网页实现文本和图像的超链接；

（2）在网页中创建锚记来丰富网页效果，使浏览者更好地访问你的个人主页。

2.5　使用表格

学习目标

（1）掌握创建和设置表格的方法；

（2）掌握表格的嵌套使用技巧和方法。

基本原理

表格是由行、列和单元格所构成的一种结构性元素，在网页中，表格除了用于存放数据以外，还可以用作网页布局，网页中以<table>标记来表示表格。

表格标记 table 的常见属性如图 2-67 所示。

图 2-67　表格【属性】面板

（1）"表格 Id"属性：设置表格的名字。

（2）"行"属性：设置表格的行数。

（3）"列"属性：设置表格的列数。

（4）"宽"属性：设置表格的宽度。

（5）"高"属性：设置表格的高度。

（6）"填充"属性：设置表格内容与所在单元格之间的空白距离。

（7）"间距"属性：设置表格中单元格之间的空白距离。

（8）"对齐"属性：设置周围元素与表格之间的排列方式。

（9）"边框"属性：设置表格边框的宽度。

（10）"背景颜色"属性：设置表格的背景颜色。

（11）"边框颜色"属性：设置表格边框的颜色。

（12）"背景图像"属性：设置以图像作为表格的背景。

本节将介绍表格创建和设置的基本操作，还希望对表格的网页布局运用提供一种思路。

■■ 操作环境

电脑操作系统 Windows Vista/2007/2008、Dreamweaver CS3 软件，IE 浏览器。

2.5.1　创建表格

本节继续以在"LM 的站点"中制作一个"个人简历"的主题网页为例，介绍插入和使用表格的方法。在制作该主题前，需要创建一个名字为 resume.html 的空白网页，具体步骤如下。

■■ 操作步骤

步骤 1　使用鼠标右键单击"MyWebSite"站点列表项的根文件夹，选择弹出快捷菜单中的【新建文件】命令，将"untitled.html"默认的文件名改为"resume.html"，按回车键确认修改。

步骤 2　将光标移至网页的第一行处，点击【插入】菜单的【表格】命令，弹出【表格】对话框，如图 2-68 所示。

步骤 3　在【表格】对话框中的"行数"、"列数"和"表格宽度"输入框中分别输入"2，8，995"，"边框粗细"、"单元格边距"和"单元格间距"输入框中输入"0，0，0"，单击【确定】按钮，完成表格的插入，如图 2-69 所示。

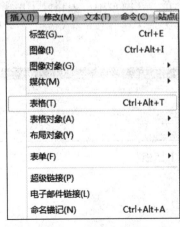

图 2-68　【插入表格】命令

图 2-69　【表格】对话框

步骤 4 选中表格，然后选择下方【属性】面板中的"对齐"下拉列表中的"居中对齐"项，这是表格始终处于页面居中对齐的位置，如图 2-70 所示。

图 2-70 表格【属性】面板

步骤 5 选中表格第一行所有单元格，然后点击【属性】面板左下方的 □（合并所选单元格）图标，将第一行的 8 个单元格合并成一个单元格。

步骤 6 将光标移到第一行的前面，点击【插入】菜单中【媒体】中的"flash"命令，将网页的"banner.swf"动画插入到表格的第一行。

步骤 7 在第二行的单元格中输入相应的文字后，设置单元格【属性】面板中"高度"、"水平"、"背景颜色"和"文本颜色"属性值分别为"33，居中对齐，#39B6DE，#FFFFFF"，如图 2-71 所示。

图 2-71 单元格【属性】面板

步骤 8 将光标移到第一个表格段落末尾，然后插入第二个表格，在弹出的【表格】对话框中，输入行数为"7"，列数为"5"，边框粗细为"1"，其他属性和上个表格一致，单击【确定】按钮，完成第二个表格的插入。

步骤 9 设置表格的【属性】面板，将表格布局成为如图 2-72 所示。

图 2-72 设置表格属性

提示说明：设置每行的高度为"33"，分别将第一行和第二行横行合并，设置第二行的背景颜色值为"#39B6DE"（代表蓝色），设置另外两列的背景颜色值为"#CCCCCC"（代表灰色），将右方的 5 个单元格合并为一个单元格，用于放置个人相片区域。

步骤 10 在表格中分别输入内容后，点击【文件】菜单的【保存】命令，然后再点击【文档】面板的 ● 图标，将网页在浏览器中预览，预览效果如图 2-73 所示。

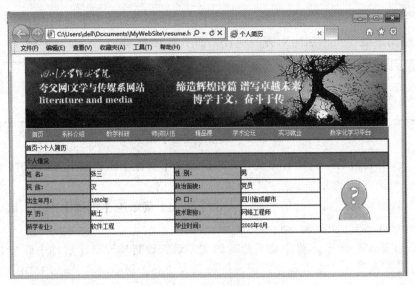

图 2-73　预览效果

2.5.2　表格的嵌套

上节完成了"个人简历"中的"个人情况"内容，本节将使用表格的嵌套来完善"个人简历"中的"工作经历"和"自我评价"两个部分。嵌套表格是在表格的单元格中再插入表格，新表格的格式可以单独设置，不会受原表格的影响，但新表格的宽度会受到所在单元格的限制。下面操作的重点是在工作经历部分嵌套一个表格，用于独立设置相关格式和内容，希望读者掌握表格嵌套使用的方法和技巧。

■ 操作步骤

步骤 1　接上例。右键单击"所选专业"所在行的任意单元格，在弹出的快捷键菜单中选择【表格】的【插入行或列】命令，如图 2-74 所示。

| 学　历：| 硕士 | | 技术职称：| 网络工程师 |
| 所学专业：| 软件工程 | | |

表格(B)	▶	选择表格(S)	
段落格式(P)	▶	合并单元格(M)	Ctrl+Alt+M
列表(L)	▶	拆分单元格(P)...	Ctrl+Alt+S
对齐(G)	▶		
字体(N)	▶	插入行(N)	Ctrl+M
样式(S)	▶	插入列(C)	Ctrl+Shift+A
CSS样式(C)	▶	插入行或列(I)...	
大小(I)	▶	删除行(D)	Ctrl+Shift+M
模板(T)	▶	删除列(E)	Ctrl+Shift+-

图 2-74　【表格插入行或列】命令

步骤 2　在弹出的【插入行或列】对话框中"插入"项选择"行"，"行数"项输入"4"，"位置"项选择"所选之下"，点击【确定】按钮，完成在表格中添加行操作，如图 2-75 所示。

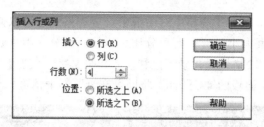

图 2-75　添加行参数

提示说明：【插入行或列】对话框中"位置"项的"所选之上"和"所选之下"属性，表示以当前鼠标所选中的行或列为基准，依次添加行或列。

步骤 3　在添加的行中输入相关文字并设置背景颜色，如图 2-76 所示。

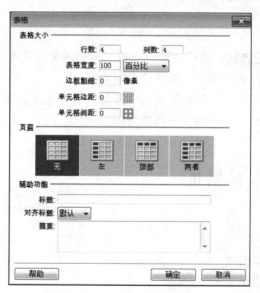

图 2-76　输入内容

步骤 4　光标移到"工作经历"的下行内闪烁，然后点击【插入】菜单的【表格】命令，在弹出的【表格】对话框中输入行数值"4"，列数值"4"，"表格宽度"值输入"100"、单位为"百分比"，"边框粗细"、"单元格边距"和"单元格间距"值都为"0"，如图 2-77 所示。

图 2-77　表格内嵌套表格

提示说明：在图 2-77 所示【表格】对话框中设置表格宽度可以使用百分比和像素两种单位，其中像素表示按像素大小赋值，而百分比表示按照百分比例来赋值。

步骤 5 为刚添加的表格设置背景颜色和输入相关文字，点击【文件】菜单的【保存】命令，然后再点击【文档】面板的 🌐 图标，将网页在浏览器中预览，预览效果如图 2-78 所示。

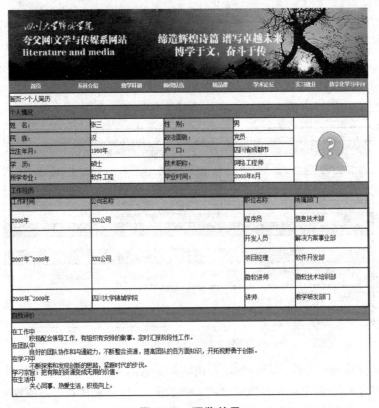

图 2-78 预览效果

思考与练习

本节介绍了表格标记方法，希望读者可以按照下面的要求完善个人简历网页：
1. 使用表格的行和列来存放个人简历的数据内容；
2. 对表格的属性进行设置，将数据进行合理的区分和有效的布局；
3. 在表格中嵌套表格，实现内容的有效分隔。

2.6 使用框架布局网页

学习目标

（1）了解框架的基本组成；
（2）掌握框架的创建和基本设置；
（3）熟练运用框架进行布局网页。

■■■ **基本原理**

框架是网页中用于布局的另外一种元素，它可以将浏览器窗口分隔成多个区域，不同的区域可以指向不同的网页，通常用于网页布局。

表格和框架布局网页的不同之处在于表格是常用于同一网页中的内部布局，而框架是采用多个独立的网页之间来布局。

框架标记 Frame 的常见属性如图 2-79 所示。

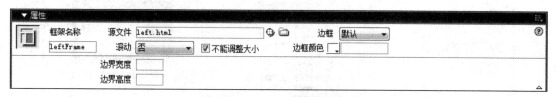

图 2-79　框架【属性】面板

（1）"框架名称"属性：设置当前框架的名字。

（2）"源文件"属性：设置当前框架所指向的源文件地址。

（3）"滚动"属性：当框架中的内容超过了框架显示的范围时，是否启用滚动条的方式来显示内容。

（4）"不能调整大小"属性：当勾选时，表示不能改变当前框架的大小；反之，可以调整框架大小。

（5）"边框"属性：设置当前框架是否显示边框。

（6）"边框颜色"属性：设置当前框架的边框颜色。

（7）"边界宽度"属性：设置当前框架的左右空白的边距，默认单位为像素。

（8）"边界高度"属性：设置当前框架的上下空白的边距，默认单位为像素。

本节将介绍框架集的创建和保存，以及如何利用框架集来实现网页区域的规划，达到合理的网页布局效果。

■■■ **操作环境**

电脑操作系统 Windows Vista/2007/2008、Dreamweaver CS3 软件、IE 浏览器。

2.6.1　创建和保存框架页

本节继续以在"LM 的站点"中制作一个"系校友录"的主题为例，介绍创建框架集的方法以及常用的框架集布局结构。在制作该主题前，需要创建一个名字为"xyl"的文件夹，用于存放"校友录"相关的网页文件。

■■■ **操作步骤**

步骤 1　使用鼠标右键单击"MyWebSite"站点列表项的根文件夹，选择弹出快捷菜单中的【新建文件夹】命令，将"untitled"默认的文件名改为"xyl"，按回车键确认。

步骤 2　单击【文件】菜单中的【新建】命令，在弹出的【新建文档】对话框中，选择

"示例中的页"选项卡中的"框架页",接着在"框架页"中选择"上方固定,左侧嵌套"项,如图 2-80 所示。

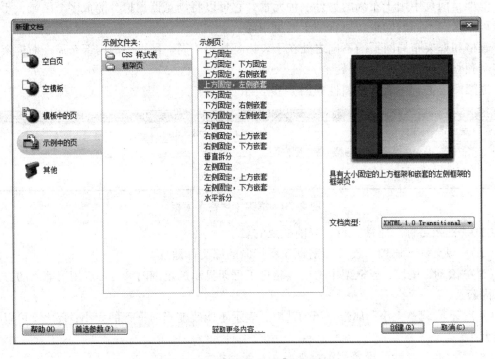

图 2-80　【新建文档】对话框

步骤 3　点击【创建】按钮,在弹出的【框架标签辅助功能属性】对话框中,设置网页各个框架区域的"框架名称"和"标题名称",通常情况下默认,如图 2-81 所示。

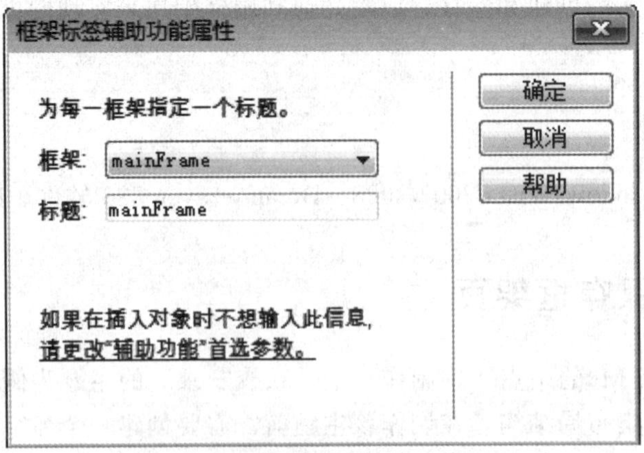

图 2-81　【框架标签辅助功能属性】对话框

提示说明:为了区分不同的框架区域,可以为这些区域取不同的名字,默认情况下,"topFrame"代表顶部框架区域,"mainFrame"代表主要内容框架区域,"leftFrame"代表左部框架区域,"bottomFrame"代表底部框架区域。

步骤 4　点击【创建】按钮后,在网页的设计区域出现如图 2-82 所示的框架。

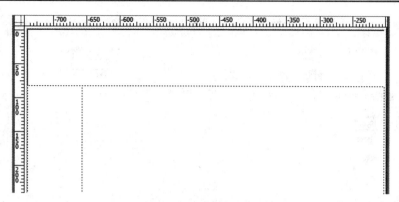

图 2-82　创建框架页

步骤 5　用鼠标选中框架中上方的虚线边框后，下方出现【属性】面板，如图 2-83 所示。

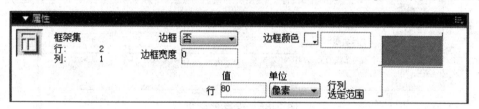

图 2-83　框架【属性】面板

步骤 6　分别设置"边框"下拉列表为"是"，边框颜色为"绿色"，"边框宽度"为"3"，鼠标选中另外一根虚线后，在下方的【属性】面板中设置相同的属性，如图 2-84 所示。

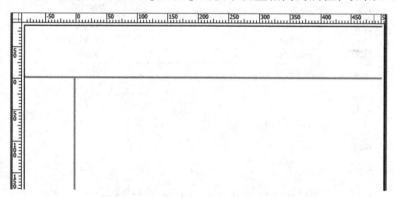

图 2-84　设置框架边框

提示说明：在设置框架集属性时，边框、边框粗细和边框颜色属性合理设置才会有效。可以拖动框架的边框线来改变框架区域行或列所占的宽度大小。

步骤 7　点击【文件】菜单中的【保存全部】命令，在弹出的【另存为】对话框的"文件名"输入框中输入"frame"，保存位置选择"LM 的站点"根目录"xyl"文件夹下，然后点击【保存】按钮，如图 2-85 所示。

步骤 8　依次将另外 3 个框架区域网页保存到根目录下的"xyl"文件夹中，如图 2-86 所示。

提示说明：在保存网页时，可以根据 Dreamweaver 工具所提示的虚线框来进行保存。通常情况，第一个网页保存的是整个框架结构页，剩下的是框架结构中的区域网页。

图 2-85 保存框架页

图 2-86 保存其他框架页

步骤 9 鼠标点击 "topFrame"、"leftFrame" 和 "mainFrame" 框架页，分别输入 "顶部区域"、"左边区域" 和 "主要内容区域"。

步骤 10 点击【文件】菜单的【保存全部】命令，然后再点击【文档】面板的 图标，将网页在浏览器中预览，预览效果如图 2-87 所示。

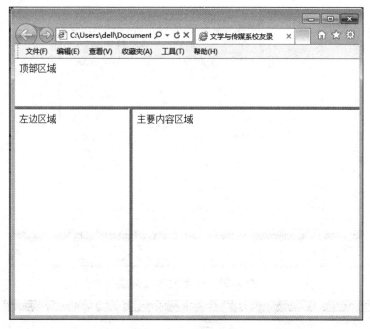

图 2-87　预览效果

2.6.2　编辑和使用框架页

本节在上节的基础上继续完善以"文传系校友录"为主题的网页编辑操作，希望读者在掌握创建框架页的基础上，能够掌握框架页的编辑和使用技巧。在制作该主题前，需要将相关图片素材"image"文件夹复制到根目录下的"xyl"文件夹中，具体步骤如下。

操作步骤

步骤 1　接上例。将光标移到"topFrame"框架中，插入图片和相关内容。

步骤 2　将光标移到"leftFrame"框架中，三个段落中分别输入"05 级同学录"、"06 级同学录"和"07 级同学录"。

步骤 3　将光标移到"mainFrame"框架中，插入 05 级相关的同学录图片。

步骤 4　鼠标右键点击【文件】面板中"LM 的站点"根目录下的"xyl"文件夹，分别创建两个名为"06xyl"和"07xyl"的网页文件，在这两个网页中插入 06 级和 07 级的同学录图片。

提示说明：在 main.html 网页中插入 05 级校友录相关的图片网页，主要考虑当浏览器预览框架页时，默认的 mainFrame 框架显示 05 级校友录网页，也可以另外为 05 级校友录创建一个单独的网页，根据实际情况来相应调整。

步骤 5　使用鼠标选中"leftFrame"框架中的"05 级同学录"文字，然后点击下方【属性】面板中"链接"属性的 图标，选择根目录下"xyl"文件夹中的 main.html 文件，如图 2-88 所示。

步骤 6　接着用鼠标选择"目标"下拉列表中的"mainFrame"项，如图 2-89 所示。

图 2-88　设置文字超链接

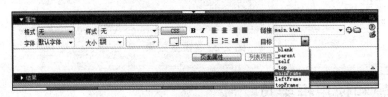

图 2-89　设置目标属性

提示说明：在框架集网页中设置超链接的"目标"属性时，除了有默认的 4 项外，在指定的框架区域内会额外增加以框架区域名称表示链接的目标网页，实现局部内容更新，使网页信息得到了有效的展示，用户体验得到了增强。

步骤 7　点击【文件】菜单的【保存全部】命令，然后再点击【文档】面板的 🌐 图标，将网页在浏览器中预览，预览效果如图 2-90 所示。

图 2-90　预览效果

2.6.3　自定义框架集

Dreamweaver 工具中提供了多种框架集模版，但在实际制作过程中，默认的框架集模版仍不能满足需求。自定义框架集是解决这个问题的最好办法。本节将介绍如何创建自定义框架集，希望读者通过本节学习能够熟练掌握拆分和删除框架的技巧和方法。

▰ 操作步骤

步骤 1　鼠标点击【文件】菜单【新建】命令，创建一个空白网页。

步骤 2　鼠标点击【查看】菜单下【可视化助理】中的"框架边框"项，让网页的边框显示出来。

步骤 3　将鼠标移到网页的边缘处，鼠标指针变为 ⊹ 图标时，按住鼠标左键不放并拖动鼠标到合适位置，即可创建上下结构或者左右结构的框架页，如图 2-91 和 2-92 所示。

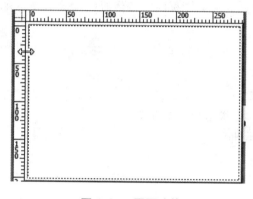

图 2-91　网页边缘

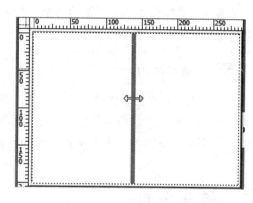

图 2-92　创建框架

步骤 4　将鼠标移到网页任意边缘的顶角处，鼠标指针变为 ✥ 图标时，按住鼠标左键不放并拖动鼠标到合适位置，创建具有 4 个部分的框架页，如图 2-93 和图 2-94 所示。

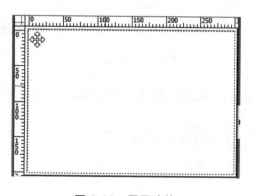

图 2-93　网页边缘

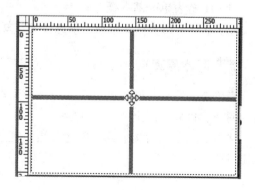

图 2-94　创建框架页

步骤 5　鼠标点击某个框架页内，然后点击【修改】菜单的【框架页】列表项，针对当前框架页进行拆分操作，拆分有上、下、左、右 4 种方式，如图 2-95 所示。

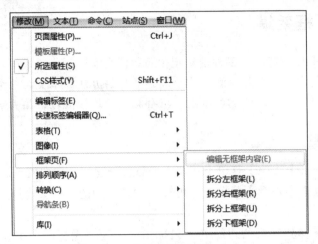

图 2-95 【拆分框架页】命令

步骤 6 鼠标选择多余框架的边框，鼠标指针变为╬图标时，按住鼠标左键不放，并将框架边框拖离网页，即可删除框架。

思考与练习

本节介绍了框架，希望读者按照下面的要求完善个人主页：

1. 使用一种框架结构来设置一个个人主页，要求至少 3 个框架页；
2. 为个人主页中的各个框架页合理的设置属性。

2.7 创建表单

学习目标

（1）了解表单的基本概念；
（2）掌握常用表单文本域、单选按钮、复选框、下拉列表和按钮的创建方法及属性设置。

基本原理

表单是浏览者与网页进行交互的一种元素。大量的网站使用表单来实现网站的用户注册、问卷调查、投票和网上交易等功能。

常用的表单包括文本域、单选按钮、复选框、下拉列表框和按钮，下面介绍每个对象的常用属性。

1．文本域

文本域是用于搜集用户输入最普通的单行输入框，文本域的属性面板如图 2-96 所示。

文本域：设置文本域的名称。

字符宽度：设置文本域在浏览器中可显示的字符数。

最多字符数：设置文本域中最多能够输入的字符数量。

图 2-96　文本域【属性】面板

类型：设置文本域是单行文本域、多行文本域和密码文本域。

初始值：设置文本域预先载入的初始内容。

2．单选按钮

单选按钮用于搜集用户选择的某项信息，单选按钮的属性面板如图 2-97 所示。

图 2-97　单选按钮【属性】面板

单选按钮：设置单选按钮的名称。若要将多个单选按钮作为一组，需要将每个单选按钮的命名相同名字，当点击同组单选按钮中的一个时，始终只能有一个被选中。

选定值：设置单选按钮被选中时的值。

初始状态：设置单选按钮预先载入时是否被选中。

3．复选框

复选框用于搜集用户选择的多项信息，复选框的属性面板如图 2-98 所示。

图 2-98　复选框【属性】面板

复选框名称：设置复选框的名称。

选定值：设置复选框被选中时的值。

初始状态：设置复选框预先载入时是否被选中。

4．下拉列表

下拉列表是以下拉的方式搜集用户所选择的项，下拉列表的属性面板如图 2-99 所示。

列表/菜单：设置列表/菜单的名称。

类型：设置显示时是菜单效果还是列表效果。

高度：设置类型为列表效果时，要显示项的数量。

列表值：设置列表/菜单中每项的值。

初始化时选定：设置默认情况下被选中的项。

图 2-99　下拉列表【属性】面板

5.按　钮

按钮为用户提供提交数据的触发对象，按钮的属性面板如图 2-100 所示。

图 2-100　按钮【属性】面板

按钮名称：设置按钮的名称。

值：设置按钮中所显示的文本。

动作：设置当点击按钮时所需要应用的事件。

■■ 操作环境

电脑操作系统 Windows Vista/2007/2008、Dreamweaver CS3 软件，IE 浏览器。

2.7.1　制作用户注册表单

本节继续以在"LM 的站点"中制作一个"用户注册"的主题为例，介绍常用的表单元素的创建方法以及表单与表格结合使用的技巧。在制作该主题前，需要在站点的根目录下创建一个名为"reg.html"的网页文件。

■■ 操作步骤

步骤 1　使用鼠标右键单击"MyWebSite"站点列表项的根文件夹，选择弹出快捷菜单中的【新建文件】命令，将"untitled.html"默认的文件名改为"reg.html"，按回车键确认。

步骤 2　单击【插入】菜单中的【表格】命令，在弹出的【表格】对话框中设置"行数"为 5；"列数"为 2；"表格宽度"为 100，单位为"百分比"；"单元格边距"为 0，"单元格间距"为 0，"标题"为"用户注册"。然后点击【确定】按钮，如图 2-101 所示。

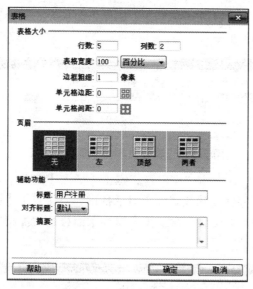

图 2-101　【表格】对话框

步骤 3　用鼠标选中表格，设置下方【属性】面板中的"对齐"为"居中对齐"；"边框颜色"为"#000000"（黑色），如图 2-102 所示。

图 2-102　表格【属性】面板

步骤 4　将光标移到表格第一行的第一单元格内输入文本"用户名："，鼠标移到该行的第二个单元格内，然后点击【插入】菜单中【表单】下的"文本域"命令，在弹出的【输入标签辅助功能属性】对话框中，直接点击【确定】按钮，如图 2-103 所示。

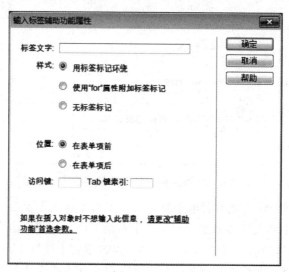

图 2-103　【输入标签辅助功能属性】对话框

步骤 5　用鼠标选中文本域后，在下方【属性】面板中的"初始值"输入框中输入"请输入…"文本，如图 2-115 所示。

图 2-104　单行文本域【属性】面板

步骤 6　在第二行中输入文本"密码:"，点击【插入】菜单中【表单】下的"文本域"命令，在弹出的【输入标签辅助功能属性】对话框中，直接点击【确定】按钮。

步骤 7　用鼠标选中文本域后，在下方【属性】面板的"类型"选项中选择"密码"单选按钮，如图 2-105 所示。

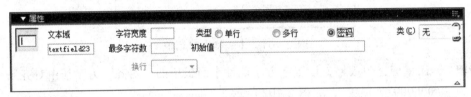

图 2-105　密码文本域【属性】面板

步骤 8　在第三行中输入文本"性别:"，点击【插入】菜单中【表单】下的"单选按钮"命令，在弹出的【输入标签辅助功能属性】对话框中的"标签文字"输入框中输入"男"（相同方法制作"女"单选按钮），然后点击【确定】按钮，如图 2-106 所示。

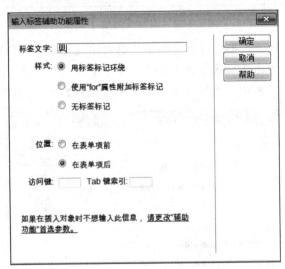

图 2-106　【输入标签辅助功能属性】对话框

步骤 9　在第四行中输入文本"电子邮件:"，点击【插入】菜单中【表单】下的"文本域"命令，在弹出的【输入标签辅助功能属性】对话框中，直接点击【确定】按钮。

步骤 10　鼠标选择最后一行的两个单元格，点击下方【属性】面板中的 □（合并单元格）图标，光标移至该单元格内，点击【插入】菜单中【表单】下的"按钮"命令，在弹出的【输入标签辅助功能属性】对话框中，直接点击【确定】按钮。

步骤 11　用鼠标选中按钮后，在下方【属性】面板的"值"输入"确认"，如图 2-107 所示。

图 2-107　按钮【属性】面板

步骤 12　点击【文件】菜单的【保存全部】命令，然后再点击【文档】面板的 🌐 图标，将使网页在浏览器中预览，预览效果如图 2-108 所示。

图 2-108　预览效果

2.7.2　制作问卷调查表单

本节继续以在"LM 的站点"中制作一个"网站访问情况调查表单"的主题为例，介绍表单的创建和设置操作。在制作该主题前，需要在站点的根目录下创建一个名为"survey.html"的网页文件。

■ 操作步骤

步骤 1　使用鼠标右键单击"MyWebSite"站点列表项的根文件夹，选择弹出快捷菜单中的【新建文件】命令，将"untitled.html"默认的文件名改为"survey.html"，按回车键确认。

步骤 2　单击【插入】菜单中的【表格】命令，在弹出的【表格】对话框中设置"行数"为 8；"列数"为 2；"表格宽度"为 100，单位为"百分比"；"单元格边距"为 0；"单元格间距"为 0；"标题"为"网站访问情况调查"，然后点击【确定】按钮，如图 2-109 所示。

步骤 3　用鼠标选中表格，设置下方【属性】面板中的"对齐"为"居中对齐"；"边框颜色"为"#000000"（黑色），如图 2-110 所示。

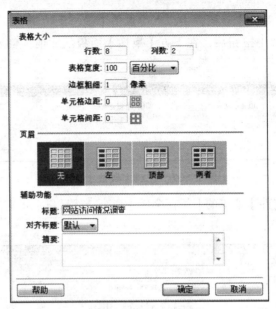

图 2-109　【表格】对话框

图 2-110　表格【属性】面板

步骤 4　将光标移到表格第一行的第一单元格内输入文本"姓名:",鼠标移到同行的第二个单元格内,然后点击【插入】菜单中【表单】下的"文本域"命令,在弹出的【输入标签辅助功能属性】对话框中,直接点击【确定】按钮,如图 2-111 所示。

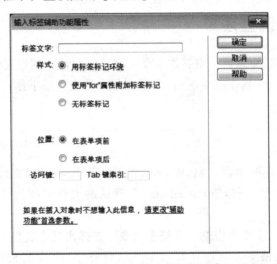

图 2-111　【输入标签辅助功能属性】对话框

步骤 5　在第二行中输入文本"性别:",点击【插入】菜单中【表单】下的"单选按钮"命令,在弹出的【输入标签辅助功能属性】对话框中的"标签文字"输入框中输入"男"(相同方法制作"女"单选按钮），然后点击【确定】按钮，如图 2-112 所示。

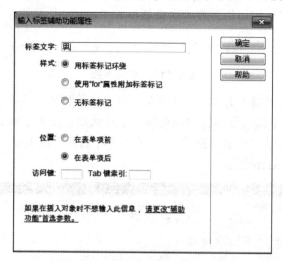

图 2-112　【输入标签辅助功能属性】对话框

　　步骤 6　在第三行中输入文本"年龄范围:"，点击【插入】菜单中【表单】下的"列表/菜单"命令，在弹出的【输入标签辅助功能属性】对话框中，直接点击【确定】按钮。

　　步骤 7　选中"列表/菜单"控件，下方出现【属性】面板，如图 2-113 所示。

图 2-113　列表/菜单【属性】面板

　　步骤 8　点击【属性】面板中的"列表值"按钮，在弹出的【列表值】对话框中，依次在"项目标签"的第一项开始输入"请选择"、"20～30 岁"、"30～40 岁"、"40～50 岁"、"50～60 岁"和"60 岁以上"，单击【确定】按钮，如图 2-114 所示。

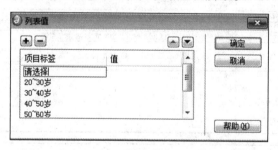

图 2-114　【列表值】对话框

　　步骤 9　在第四行中输入文本"访问渠道:"，点击【插入】菜单中的【表单】下的"复选框"命令，在弹出的【输入标签辅助功能属性】对话框中的"标签文字"输入框中输入"学院网站链接"（相同方法制作"收藏网站"、"朋友推荐"和"搜索引擎"复选按钮），然后点击【确定】按钮。

　　步骤 10　在第五行中输入文本"网站评分:"，点击【插入】菜单中【表单】下的"单选按钮"命令，在弹出的【输入标签辅助功能属性】对话框中，直接点击【确定】按钮（重复此操作添加共 5 个单选按钮)。

步骤 11 在每个单选按钮的后方依次叠加插入 "star.jpg" 星级图像,如图 2-115 所示。

图 2-115 单选按钮

步骤 12 在第六行中输入文本 "宝贵意见:",点击【插入】菜单中【表单】下的 "文本区域" 命令,在弹出的【输入标签辅助功能属性】对话框中点击【确定】按钮。

步骤 13 用鼠标选中 "文本域控件",设置下方【属性】面板中 "字符宽度" 为 "75";"行数" 为 "8",如图 2-116 所示。

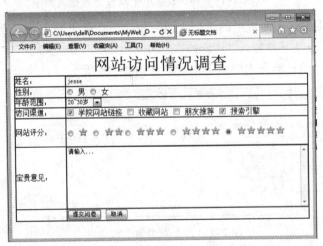

图 2-116 文本域【属性】面板

步骤 14 将光标移至最后一行中的第二个单元格内,点击【插入】菜单中【表单】下的 "按钮" 命令,在弹出的【输入标签辅助功能属性】对话框中,点击【确定】按钮。

步骤 15 用鼠标选中按钮后,在【属性】面板的 "值" 输入 "提交问卷"(相同方法制作 "取消" 按钮)。

步骤 16 点击【文件】菜单下的【保存全部】命令,然后再点击【文档】面板的 图标,将网页在浏览器中预览,预览效果如图 2-117 所示。

图 2-117 预览效果

■ 思考与练习

本节介绍了表单的创建,读者可以按照下面的要求完善登录网页:

1. 利用表格为登录网页进行网页布局;

2. 利用表单设置登录效果的网页。

第3章 丰富网页的表现方式

3.1 创建 CSS 样式表

学习目标

（1）了解 CSS 的基本概念；
（2）掌握 CSS 的基本创建方法和简单应用；
（3）掌握独立创建 CSS 层叠样式表文件的方法。

基本原理

CSS（Cascading Style Sheets，层叠样式表）主要用于控制网页的外观，通过 CSS 层叠样式可以很方便、灵活和精确地控制网页外观，合理利用 CSS 提供的语法规则，可以简化代码，减少重复劳动，提高制作效率，从而实现科学合理的网页外观制作。

CSS 层叠样式表提供了 3 种简单的对网页元素进行样式控制的方法，它们分别是类别选择器、标记选择器和 ID 选择器，本节将使用到类别选择器。

类别选择器是以"."开头的自定义名称作为定义名的方式，具体语法规则如图 3-1 所示。

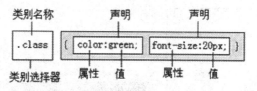

图 3-1 类别选择器语法规则

下面创建 CSS 层叠样式表中的"类别选择器"方式，对网页中的文本大小、颜色、字体等进行设置，不同的文本设置可以突显内容的重要性。

操作环境

电脑操作系统 Windows Vista/2007/2008、Dreamweaver CS3 软件、IE 浏览器。

3.1.1 创建基本 CSS 样式表

操作步骤

步骤 1 使用鼠标右键单击"MyWebSite"站点列表项的根文件夹，选择弹出快捷菜单中的【新建文件】命令，将"untitled.html"默认的文件名改为"sitemap1.html"（站点地图），按回车键确认修改。

步骤 2 用鼠标在"sitemap1.html"网页中输入站点地图相关文本，如图 3-2 所示。

图 3-2 【站点地图】初始效果

步骤 3 用鼠标点击【文本】菜单中的【CSS 样式】的"新建"命令，如图 3-3 所示。在弹出的【新建 CSS 规则】对话框中，勾选"选择器类型"的"类"单选按钮，在"名称"输入框中输入".sitemap"，勾选"定义在"的"仅对该文档"单选按钮，点击【确定】按钮，如图 3-4 所示。

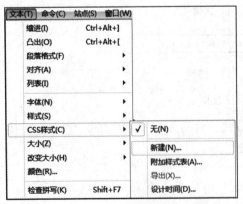

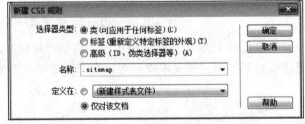

图 3-3 【新建样式表】命令　　　　　**图 3-4 【新建 CSS 规则】对话框**

提示说明：类别选择器是 CSS 基本选择器的一种，对应的名称规则是："."+"自定义名称"。勾选"仅对该文档"单选按钮表示将定义的样式表规则直接创建在网页中，该方式为"嵌入样式"创建 CSS 样式表。

步骤 4 在弹出的【.sitemap 的 CSS 规则定义】对话框中，"字体"下拉列表选择"黑体"；"大小"为 36；"粗细"为"粗体"；"行高"为 36，如图 3-5 所示。

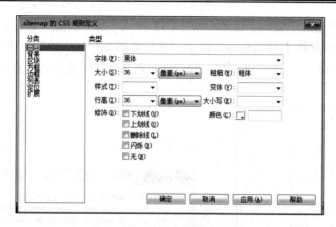

图 3-5　【 .sitemap 的 CSS 规则定义 】对话框

步骤 5　鼠标点击"分类"选项组中的"背景"选项，输入"背景颜色"为"#CCCCCC"（灰色），如图 3-6 所示。

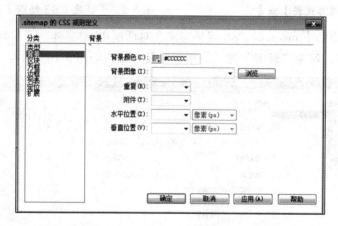

图 3-6　【 .sitemap 的 CSS 规则定义 】对话框

步骤 6　鼠标点击"分类"选项组中的"区块"选项，在"文本对齐"的下拉列表选择"居中"项，然后点击【确定】按钮，如图 3-7 所示。

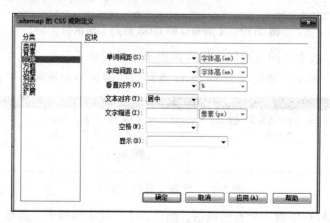

图 3-7　【 .sitemap 的 CSS 规则定义 】对话框

步骤 7   用鼠标点击【文本】菜单中的【CSS 样式】的"新建"命令，如图 3-8 所示。在弹出的【新建 CSS 规则】对话框中，勾选"选择器类型"的"类"单选按钮，在"名称"输入框中输入".menu"，勾选"定义在"的"仅对该文档"单选按钮，点击【确定】按钮，如图 3-9 所示。

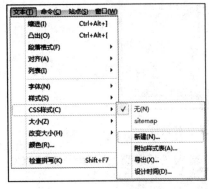

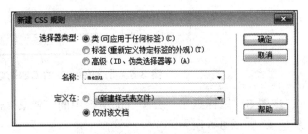

图 3-8 【新建样式表】命令   图 3-9 【新建 CSS 规则】对话框

步骤 8   在弹出的【.menu 的 CSS 规则定义】对话框中，"字体"下拉列表选择"华文隶书"，"大小"为 16，勾选"修饰"的"下划线"复选框，如图 3-10 所示。

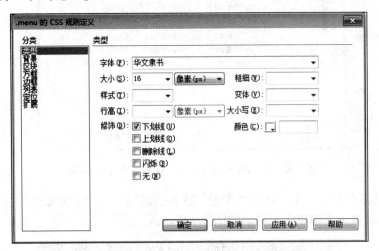

图 3-10 【.menu 的 CSS 规则】对话框

步骤 9   用鼠标选中"网站地图"所在的段落，然后在【属性】面板中，选择"样式"下拉列表"sitemap"样式，将定义的.sitemap 类别选择器运用到该段落中，如图 3-11 所示。

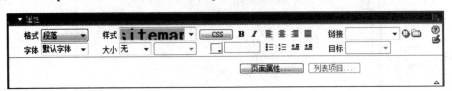

图 3-11 标题【属性】面板

步骤 10   用鼠标选中剩下所有的段落，然后在【属性】面板中，选择"样式"下拉列表"menu"样式，将定义的.menu 类别选择器运用到所选段落中，如图 3-12 所示。

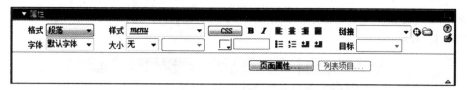

图 3-12　导航【属性】面板

步骤 11　点击【文件】菜单的【保存全部】命令，然后再点击【文档】面板的 ⚫ 图标，将网页在浏览器中预览，预览效果如图 3-13 所示。

图 3-13　预览效果

3.1.2　创建独立文件 CSS 样式表

独立文件的 CSS 样式表是将定义的所有 CSS 规则存放到一个单独的文件中，使得 CSS 样式与 HTML 内容分离的一种方式。该方式与网页中嵌入样式的区别在于，可以共享于整个站点内所有的网页使用，而嵌入样式只能在当前网页中使用。

操作步骤

步骤 1　使用鼠标右键单击 "MyWebSite" 站点列表项的根文件夹，创建名为 "css" 的文件夹和名为 "sitemap2.html" 的网页文件。

步骤 2　用鼠标在 "sitemap2.html" 网页中输入内容相同的站点地图文本。

步骤 3　用鼠标点击【文本】菜单下【CSS 样式】中的 "新建" 命令，在弹出的【新建CSS 规则】对话框中，勾选 "选择器类型" 的 "类" 单选按钮，在 "名称" 输入框中输入 ".sitemap1"，勾选 "定义在" 的 "新建样式表文件" 单选按钮，点击【确定】按钮，如图 3-14 所示。然后弹出【保存样式表文件为】对话框，保存名字为"style.css"，路径选择根目录下的 CSS 文件中，如图 3-15 所示。

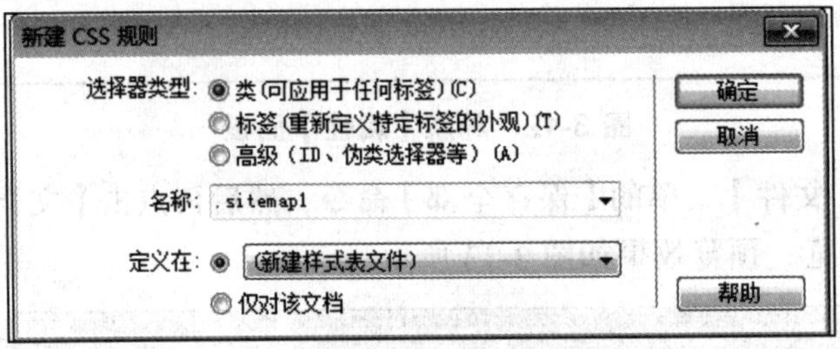

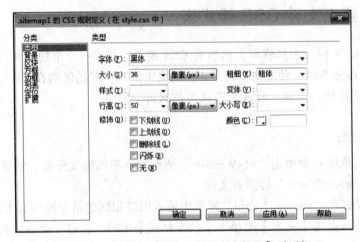

图 3-14　【新建 CSS 规则】对话框

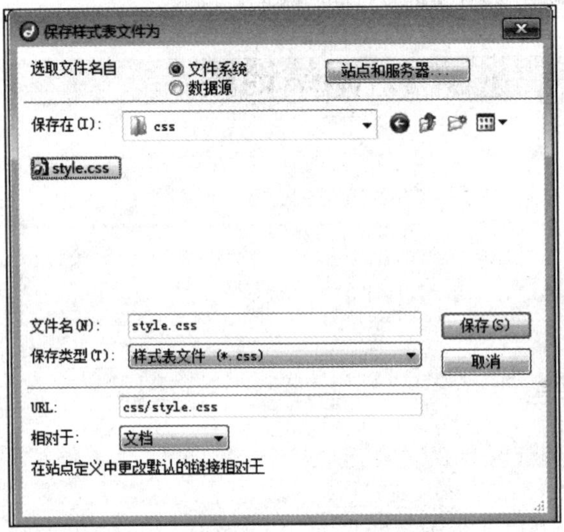

图 3-15　【保存样式表文件为】对话框

步骤 4　点击【保存】按钮后，在弹出的【.sitemap1 的 CSS 规则定义】对话框中，"字体"下拉列表选择"黑体"，"大小"为 36，"粗细"为"粗体"，"行高"为 50，如图 3-16 所示。

图 3-16　【.sitemap 的 CSS 规则定义】对话框

步骤 5　鼠标点击"分类"选项组中的"背景"选项，输入"背景颜色"为"#CCCCCC"（灰色），如图 3-17 所示。

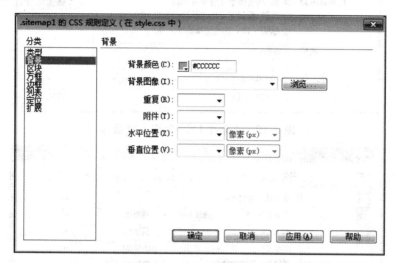

图 3-17　【.sitemap 的 CSS 规则定义】对话框

步骤 6　鼠标点击"分类"选项组中的"区块"选项，在"文本对齐"的下拉列表中选择"居中"项，然后点击【确定】按钮，如图 3-18 所示。

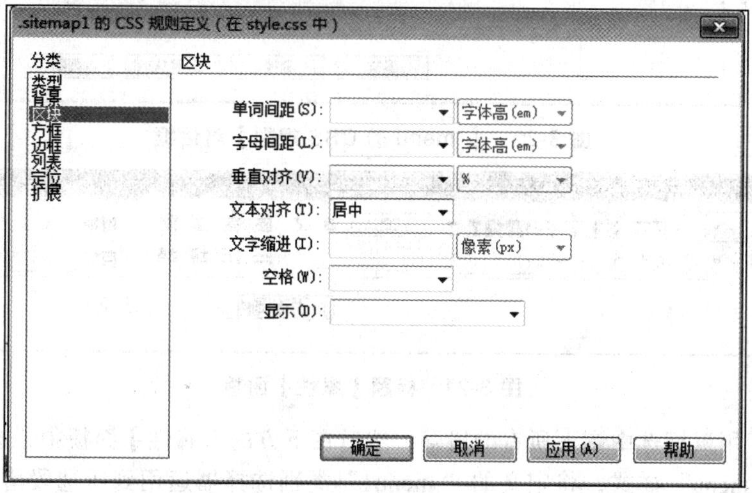

图 3-18　【.sitemap 的 CSS 规则定义】对话框

步骤 7　用鼠标点击【文本】菜单中的【CSS 样式】的"新建"命令，在弹出的【新建CSS 规则】对话框中，勾选"选择器类型"的"类"单选按钮，在"名称"输入框中输入".menu1"，勾选"定义在"的"style.css"单选按钮，点击【确定】按钮，如图 3-19 所示。

步骤 8　在弹出的【.menu1 的 CSS 规则定义】对话框中，"字体"下拉列表选择"华文隶书"，"大小"为 16，勾选"修饰"的"下划线"复选框，如图 3-20 所示。

步骤 9　用鼠标选中"网站地图"所在的段落，然后在下方的【属性】面板中，选择"样式"下拉列表中的"sitemap1"样式，将定义的.sitemap1 类别选择器运用到该段落中，如图3-21 所示。

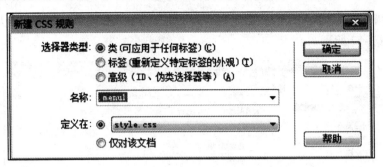

图 3-19　【新建 CSS 规则】对话框

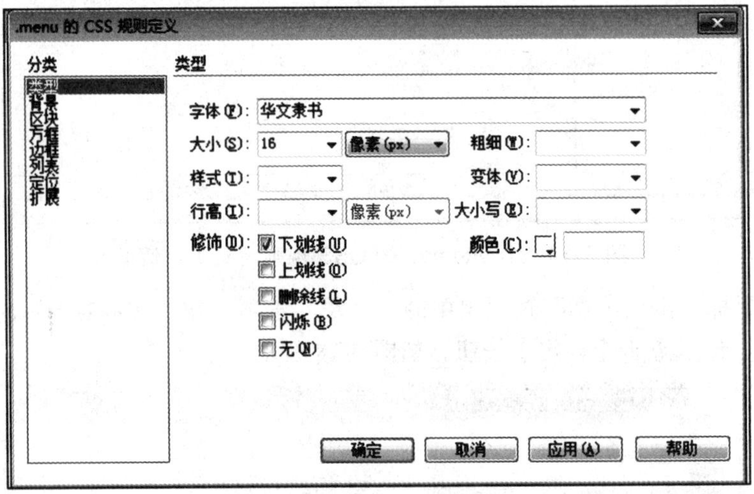

图 3-20　【.menu 的 CSS 规则】对话框

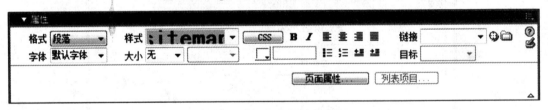

图 3-21　标题【属性】面板

步骤 10　用鼠标选中剩下所有的段落，然后在下方的【属性】面板中，选择"样式"下拉列表中的"menu"样式，将定义的".menu1"类别选择器运用到所选段落中，如图 3-22 所示。

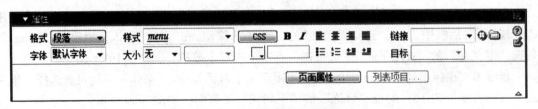

图 3-22　导航【属性】面板

步骤 11　点击【文件】菜单的【保存全部】命令，然后再点击【文档】面板的 ⬤ 图标，将网页在浏览器中预览，预览效果如图 3-23 所示。

图 3-23 预览效果

◼️ 思考与练习

本节介绍了 CSS 的基本功能，读者可以按照下面的要求完善"站点地图"网页：
1. 利用 CSS 语法规则为"站点地图"网页中的内容分别创建不同的 CSS 样式；
2. 根据需要对网页中的 CSS 样式进行合理的设置和调整。

3.2 用 CSS 设置图文编排的网页

◼️ 学习目标

（1）熟练掌握 CSS 层叠样式表的标记选择器使用方法；
（2）熟练掌握 CSS 层叠样式表的 ID 选择器使用方法。

◼️ 基本原理

为了使网页展示的效果更加美观，需要对网页中的图片和文字进行合理的编排，可以使用传统的网页元素提供的属性来实现，但是当网页内容较多和较复杂时，使用 CSS 层叠样式表技术来实现是一种很好的方式。

在网页当中对图像进行样式的设置，通常有图片的浮动、边框、图片的填充和边界等设置，下面介绍另外 2 种选择器的语法规则。

标记选择器：以标记名称作为定义名的方式。具体语法规则如图 3-24 所示。

ID 选择器：以"#"开头的自定义名称作为定义名的方式。具体语法规则如图 3-25 所示。

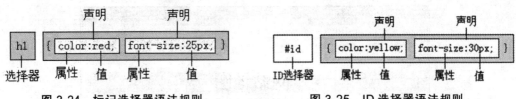

图 3-24　标记选择器语法规则　　　　　　图 3-25　ID 选择器语法规则

下面将通过具体操作介绍 CSS 层叠样式表的"标记选择器"和"ID 选择器"的方式，对网页中的文本和图片内容进行样式的设置。

操作环境

电脑操作系统 Windows Vista/2007/2008、Dreamweaver CS3 软件、IE 浏览器。

3.2.1　为文本创建 CSS 规则

本节将以"关于我们"主题的网页制作为例，介绍网页中创建 CSS 规则的方法，以及对网页中的文本进行 CSS 设置，希望读者通过本节的学习能掌握 CSS 中标记选择器的创建方法和 CSS 设置文本的常用样式。

操作步骤

步骤 1　使用鼠标右键单击"MyWebSite"站点列表项的根文件夹，选择弹出快捷菜单中的【新建文件】命令，将"untitled.html"默认的文件名改为"AboutUs.html"（关于我们），按回车键确认修改。

步骤 2　在网页中输入相关文本内容，编排前效果如图 3-26 所示。

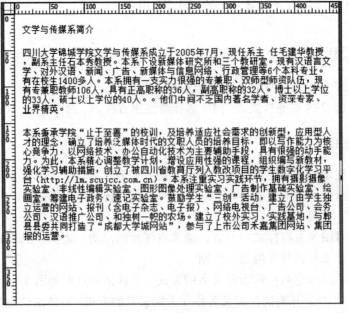

图 3-26　编排前效果

步骤 3　使用鼠标选中第一行段落，选择下方【属性】面板中的【格式】下拉列表的"标题 1"项，将"段落"格式改为"标题 1"格式，如图 3-27 所示。

图 3-27　设置标题【属性】面板

步骤 4　用鼠标点击【文本】菜单中的【CSS 样式】的"新建"命令，在弹出的【新建 CSS 规则】对话框中，勾选"选择器类型"的"标签"单选按钮，在"标签"栏中选择下拉列表中名称为"h1"的项，勾选"定义在"的"仅对该文档"单选按钮，点击【确定】按钮，如图 3-28 所示。

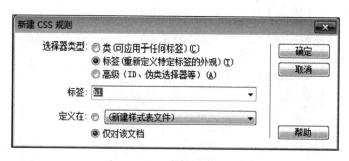

图 3-28　【新建 CSS 规则】对话框

步骤 5　在弹出的【h1 的 CSS 规则定义】对话框中，"字体"下拉列表选择"黑体"；"颜色"输入"#FFFFF"（白色），如图 3-29 所示。

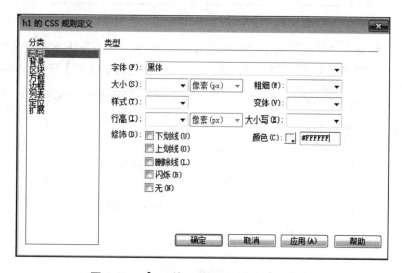

图 3-29　【h1 的 CSS 规则定义】对话框

步骤 6　鼠标点击"分类"选项组中的"背景"选项，在"背景颜色"栏中输入"#0000FF"（蓝色），如图 3-30 所示。

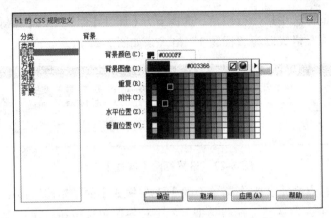

图 3-30 【h1 的 CSS 规则定义】对话框

步骤7 鼠标点击"分类"选项组中的"区块"选项，在"文本对齐"的下拉列表选择"居中"项，然后点击【确定】按钮，如图 3-31 所示。

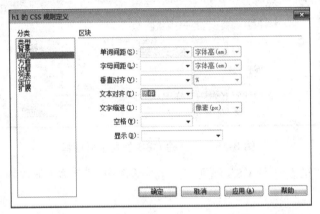

图 3-31 【h1 的 CSS 规则定义】对话框

步骤8 鼠标点击"分类"选项组中的"方框"，勾选"填充"下方的"全部相同"复选框，然后在"上"输入框中输入 15，单位选择"像素"，点击【确定】按钮，如图 3-32 所示。

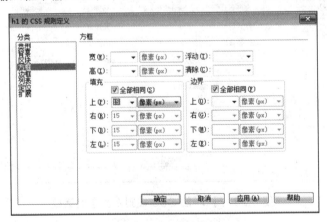

图 3-32 【h1 的 CSS 规则定义】对话框

提示说明：【CSS 规则定义】对话框中的【确定】按钮表示保存当前设置，关闭对话框窗口。【应用】按钮表示保存当前设置，不关闭对话框窗口，可以继续完善其他设置。通常情况，将所有的属性设置完成后点击【确定】按钮，部分设置完成点击【应用】按钮，取消设置点击【取消】按钮。

步骤 9　点击【文件】菜单的【保存全部】命令，然后再点击【文档】面板的 图标，将网页在浏览器中预览，预览效果如图 3-33 所示。

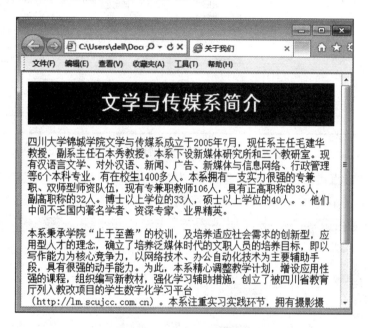

图 3-33　标题的预览效果

步骤 10　用鼠标点击【文本】菜单下【CSS 样式】的"新建"命令，在弹出的【新建 CSS 规则】对话框中，勾选"选择器类型"的"标签"单选按钮，在"标签"栏中选择下拉列表中名称为"p"的项，勾选"定义在"的"仅对该文档"单选按钮，点击【确定】按钮，如图 3-34 所示。

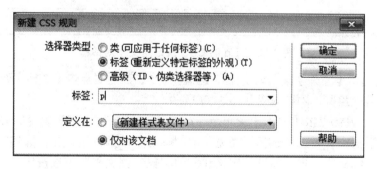

图 3-34　【新建 CSS 规则】对话框

步骤 11　在弹出的【p 的 CSS 规则定义】对话框中，"字体"栏的下拉列表中选择"黑体"；"行高"栏中输入 1.5，单位选择"倍行高"，如图 3-35 所示。

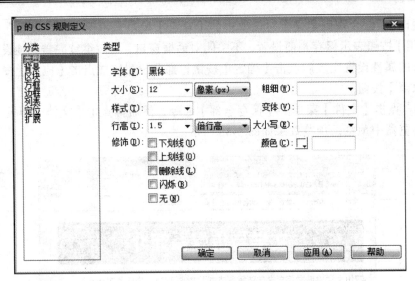

图 3-35 【p 的 CSS 规则定义】对话框

步骤 12 鼠标点击"分类"选项组中的"区块"选项，在"文字缩进"栏输入 2，单位选择"字体高"，然后点击【确定】按钮，如图 3-36 所示。

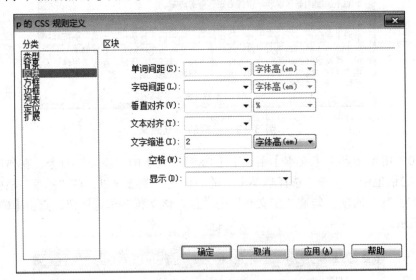

图 3-36 【p 的 CSS 规则定义】对话框

步骤 13 点击【文件】菜单的【保存全部】命令，然后再点击【文档】面板的 图标，将网页在浏览器中预览，预览效果如图 3-37 所示。

步骤 14 用鼠标点击【文本】菜单下【CSS 样式】的"新建"命令，在弹出的【新建 CSS 规则】对话框中，勾选"选择器类型"的"标签"单选按钮，在"标签"栏中选择下拉列表中名称为"body"的项，勾选"定义在"的"仅对该文档"单选按钮，点击【确定】按钮，如图 3-38 所示。

步骤 15 在弹出的【body 的 CSS 规则定义】对话框中，用鼠标点击"分类"选项组中的"背景"选项，在"背景颜色"栏中输入"#EBEBEB"（灰色），如图 3-39 所示。

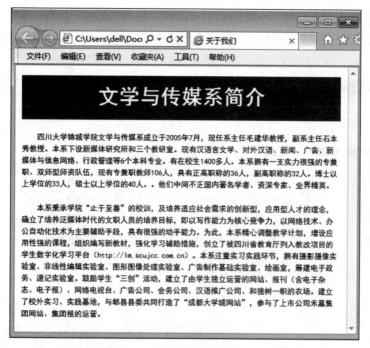

图 3-37 段落的预览效果

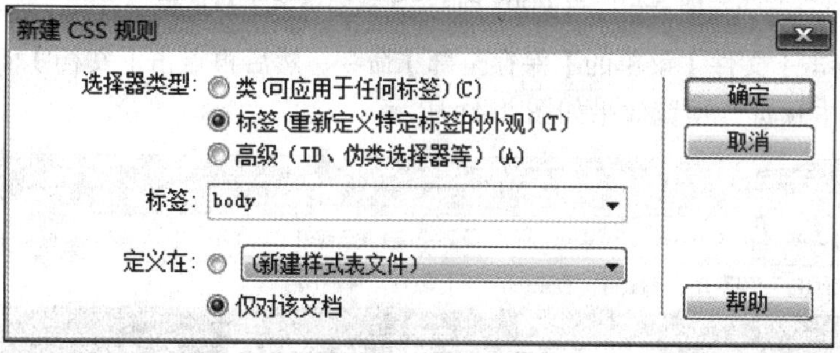

图 3-38 【新建 CSS 规则】对话框

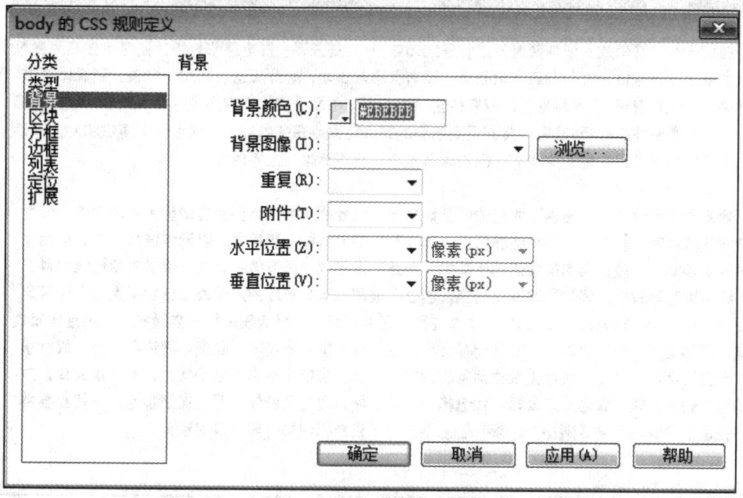

图 3-39 【body 的 CSS 规则定义】对话框

步骤 16 鼠标点击"分类"选项组中的"方框"选项，勾选"边界"下方的"全部相同"复选框，然后在"上"输入框中输入 0，单位选择"像素"，点击【确定】按钮，如图 3-40 所示。

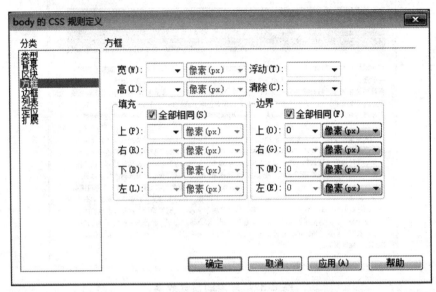

图 3-40 【body 的 CSS 规则定义】对话框

步骤 17 点击【文件】菜单的【保存全部】命令，然后再点击【文档】面板的 图标，将网页在浏览器中预览，预览效果如图 3-41 所示。

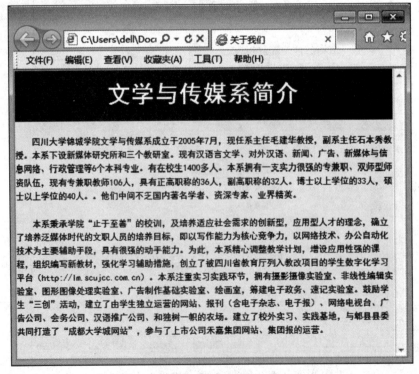

图 3-41 预览效果

3.2.2　为图片创建 CSS 规则

在上节的基础上，继续完善"关于我们"主题的网页制作，希望读者通过本节的学习，能够掌握 CSS 中的类别选择器的创建方法和掌握 CSS 设置图片的常用样式。在开始本节操作之前，先将两张素材图片"school1.jpg"和"school2.jpg"拷贝到根目录下的"image"文件夹中。

■■ 操作步骤

步骤 1　接上例。用鼠标分别在网页中的两个段落前面插入图片"school1.jpg"和"school2.jpg"，如图 3-42 所示。

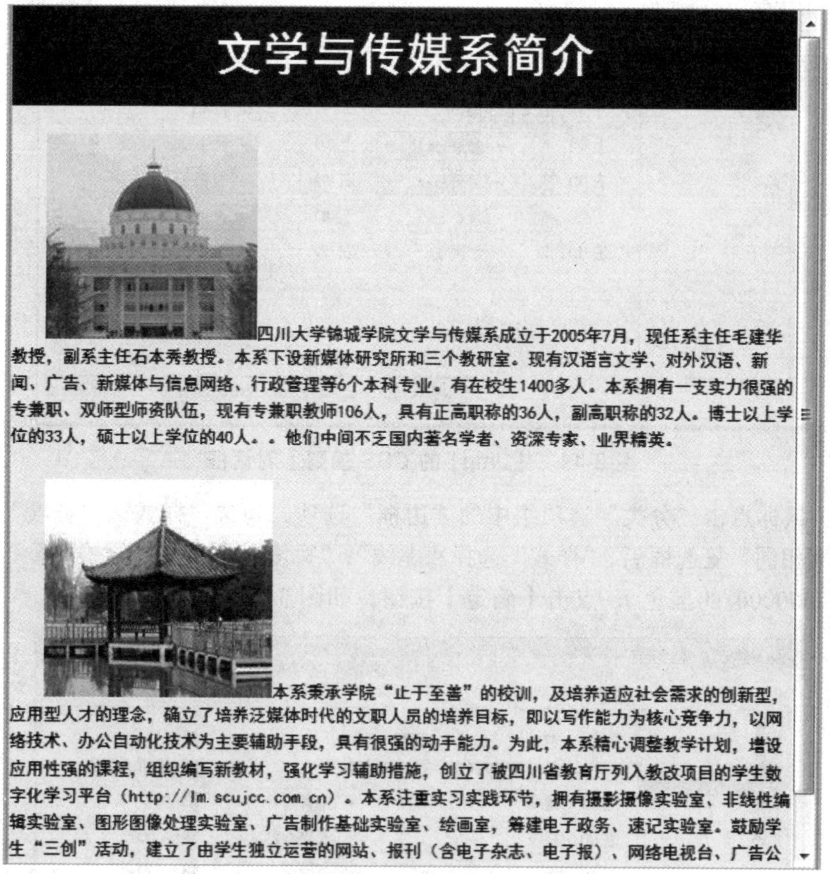

图 3-42　编排前效果

步骤 2　用鼠标点击【文本】菜单下【CSS 样式】的"新建"命令，在弹出的【新建 CSS 规则】对话框中，勾选"选择器类型"的"类"单选按钮，在"名称"栏中输入".img1"的项，勾选"定义在"的"仅对该文档"单选按钮，点击【确定】按钮，如图 3-43 所示。

步骤 3　在弹出的【.img1 的 CSS 规则定义】对话框中，用鼠标点击"分类"选项组中的"方框"选项，在"浮动"栏中选择"左浮动"，勾选"填充"下方的"全部相同"复选框，在下方的"上、下、左和右"4 个栏中输入 5，单位选择"像素"，如图 3-44 所示。

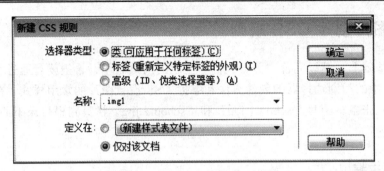

图 3-43 【新建 CSS 规则】对话框

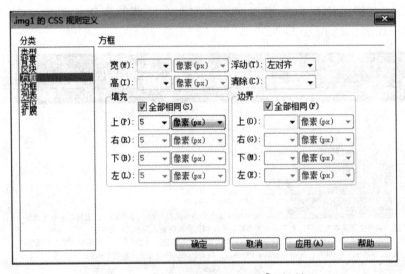

图 3-44 【.img1 的 CSS 规则】对话框

步骤 4 鼠标点击"分类"选项组中的"边框"选项，勾选"样式"、"宽度"和"颜色"下方的"全部相同"复选框后，"样式"选择"虚线"；"宽度"输入 1，单位选择"像素"；"颜色"输入"#000000"（黑色），点击【确定】按钮，如图 3-45 所示。

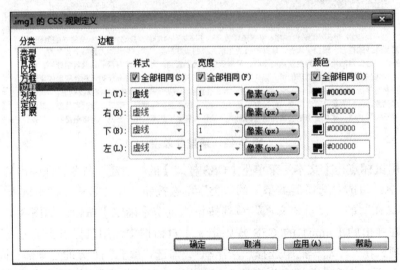

图 3-45 【.img1 的 CSS 规则】对话框

步骤 5 用相同的操作创建一个名称为 ".img2" 的 CSS 规则,在弹出的【.img2 的 CSS 规则】对话框中,用鼠标选择 "分类" 选项组中的 "方框" 选项,在 "浮动" 栏中选择 "右浮动";其他设置都相同,如图 3-46 所示。

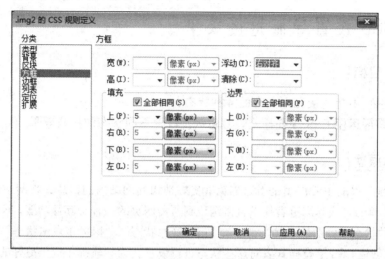

图 3-46 【.img2 的 CSS 规则】对话框

步骤 6 点击【文件】菜单的【保存全部】命令,然后再点击【文档】面板的 ⊙ 图标,将网页在浏览器中预览,预览效果如图 3-47 所示。

图 3-47 预览效果

■ **思考与练习**

通过本节对 CSS 样式表的学习,读者可以按照下面的要求完善个人主页:

1. 利用 CSS 语法规则为个人主页中的文本和图像分别创建不同的 CSS 样式；
2. 根据需要利用 CSS 样式对网页中的文本和图像进行合理的图文混排效果。

3.3　用 CSS 设置导航链接菜单

▆ 学习目标

（1）了解网页中超链接元素具有的 4 种状态；
（2）熟练掌握运用 CSS 层叠样式表对超链接设置不同状态的样式效果。

▆ 基本原理

　　网页中导航菜单的主要作用是引导浏览者更好地访问网站内的信息，将网站信息进行归类后，利用导航菜单的方式为浏览者提供直接定位到所需网页的一种交互性功能。网页中的导航菜单通常具有 4 种状态，分别是"默认状态"、"鼠标经过状态"、"鼠标正点击状态"和"鼠标访问后状态"。可以创建 CSS 层叠样式表对这些状态进行设置，为导航菜单提供更好的用户体验。
　　网页中导航链接菜单的本质其实就是超级链接（A 标记）的特性，通常有两种表现形式，它们分别是文字和图片超级链接。CSS 层叠样式表对导航链接菜单的 4 种状态如表 3-1 所示。

表 3-1　光标类型描述

状 态 名 称	CSS 定 义 名 称	说　明
默 认 状 态	A:link	设置默认状态时的样式
鼠标经过状态	A:hover	设置鼠标经过时的样式
鼠标正点击状态	A:active	设置鼠标正被点击时的样式
鼠标访问后状态	A:visited	设置鼠标点击过后的样式

　　下面将通过实际操作详细介绍如何利用 CSS 层叠样式表对网页中导航链接菜单进行样式的设置。

▆ 操作环境

电脑操作系统 Windows Vista/2007/2008、Dreamweaver CS3 软件，IE 浏览器。

3.3.1　用 CSS 设置超链接样式

▆ 操作步骤

　　步骤 1　使用鼠标右键单击"MyWebSite"站点列表项的根文件夹，选择弹出快捷菜单中的【新建文件】命令，将"untitled.html"默认的文件名改为"msgboard.html"（留言板），按回车键确认修改。

步骤 2 在网页中插入一个表格，在下方表格【属性】面板中的"行"栏输入 1；"列"栏输入 7；"宽"栏输入 700 像素；"填充"栏输入 0；"间距"栏输入 0；"边框"栏输入 1，对齐为"居中对齐"，如图 3-48 所示。

图 3-48 表格【属性】面板

步骤 3 在表格的每个单元格中输入相关的文本内容，选中表格中的所有文字，在下面【属性】面板中的【链接】栏中输入"#"，普通文字将具有超链接效果，如图 3-49 所示。

| 首页 | 系科介绍 | 教学科研 | 师资队伍 | 精品课 | 学术论坛 | 实习就业 |

图 3-49 设置文字超链接

提示说明： 在【属性】面板的【链接】栏中输入"#"表示该对象具有超链接的特性，但是当点击该链接时，目标链接为空，即为"空链接"。通常目标链接不确定并且对象为超链接时使用该方法。

步骤 4 用鼠标点击【文本】菜单下【CSS 样式】的"新建"命令，在弹出的【新建 CSS 规则】对话框中，勾选"选择器类型"的"高级"单选按钮，在"选择器"栏的下拉列表项中选择"a:link"项，勾选"定义在"的"仅对该文档"单选按钮，点击【确定】按钮，如图 3-50 所示。

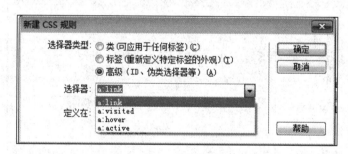

图 3-50 【新建 CSS 规则】对话框

步骤 5 在弹出的【a:link 的 CSS 规则定义】对话框中，"字体"栏的下拉列表中选择"黑体"；勾选"修饰"栏中的"无"复选框，点击【确定】按钮，如图 3-51 所示。

步骤 6 用鼠标点击【文本】菜单下【CSS 样式】的"新建"命令，在弹出的【新建 CSS 规则】对话框中，勾选"选择器类型"的"高级"单选按钮，在"选择器"栏的下拉列表项中选择"a:hover"项，勾选"定义在"的"仅对该文档"单选按钮，点击【确定】按钮，如图 3-52 所示。

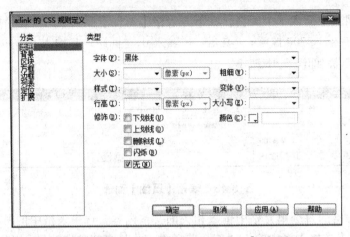

图 3-51 　【a:link 的 CSS 规则定义】对话框

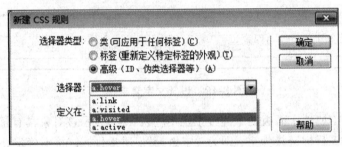

图 3-52 　【新建 CSS 规则】对话框

步骤 7　在弹出的【a:hover 的 CSS 规则定义】对话框中，"字体"栏的下拉列表中选择 "黑体"；"粗细"栏的下拉列表中选择"粗体"；"颜色"栏中输入"#990000"，点击【确定】 按钮，如图 3-53 所示。

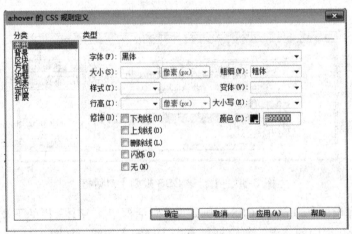

图 3-53 　【a:hover 的 CSS 规则定义】对话框

步骤 8　点击【文件】菜单的【保存全部】命令，然后再点击【文档】面板的 　 图标， 将网页在浏览器中预览，预览效果如图 3-54 所示。

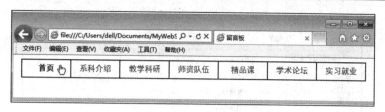

图 3-54   预览效果

3.3.2 用 CSS 制作特效导航菜单

操作步骤

步骤 1 在根目录下创建一个名字为 "msgboard1.html" 的网页。

步骤 2 在网页中插入一个表格，在下面表格【属性】面板中的 "行" 栏输入 1；"列" 栏输入 7；"宽" 栏输入 700 像素；"填充" 栏输入 0；"间距" 栏输入 0；"边框" 栏输入 0，对齐为 "居中对齐"，如图 3-55 所示。

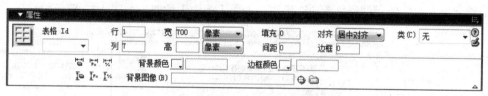

图 3-55   表格【属性】面板

步骤 3 在表格的每个单元格中输入相关的文本内容，选中表格中的所有文字，在下面【属性】面板中的【链接】栏中输入 "#"，普通文字将具有超链接效果，如图 3-56 所示。

图 3-56   设置文字超链接

步骤 4 用鼠标点击【文本】菜单下【CSS 样式】的 "新建" 命令，在弹出的【新建 CSS 规则】对话框中，勾选 "选择器类型" 的 "标签" 单选按钮，在 "标签" 栏的下拉列表项中选择 "table" 项，勾选 "定义在" 的 "仅对该文档" 单选按钮，点击【确定】按钮，如图 3-57 所示。

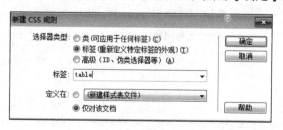

图 3-57   【新建 CSS 规则】对话框

步骤 5 在弹出的【table 的 CSS 规则定义】对话框中，用鼠标点击 "分类" 选项组中的 "背景" 选项，在 "背景颜色" 栏中选择输入 "#39B6DE"，然后点击【确定】按钮，如图 3-58 所示。

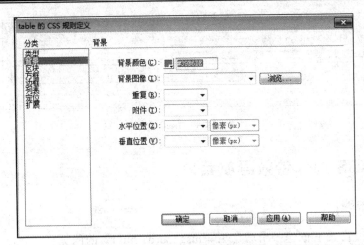

图 3-58　【table 的 CSS 规则定义】对话框

　　步骤 6　用鼠标点击【文本】菜单下【CSS 样式】中的"新建"命令，在弹出的【新建 CSS 规则】对话框中，勾选"选择器类型"的"高级"按钮，在"选择器"栏的下拉列表中选择"a:link"项，勾选"定义在"的"仅对该文档"按钮，点击【确定】按钮，如图 3-59 所示。

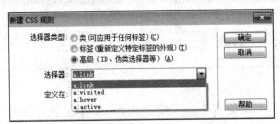

图 3-59　【新建 CSS 规则】对话框

　　步骤 7　在弹出的【a:link 的 CSS 规则定义】对话框中，"字体"选择"黑体"；"大小"栏输入 12；"颜色"栏输入"#FFFFFF"，勾选"修饰"栏中的"无"复选框，如图 3-60 所示。

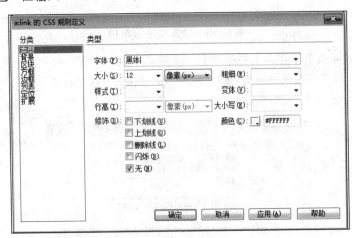

图 3-60　【a:link 的 CSS 规则定义】对话框

　　步骤 8　用鼠标点击"分类"选项组中的"区块"选项，在"显示"栏中选择"块"，如图 3-61 所示。

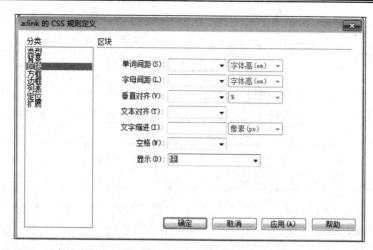

图 3-61　【 a:link 的 CSS 规则定义 】对话框

提示说明：网页中包括两类元素，分别是块元素和行内元素。块元素在网页中通常独占一行显示，后面的内容将自动换行显示，如：段落、标题和层标记等。行内元素在网页中通常按照从左到右的顺序依次排列显示，如：图片、超链接标记等。可以通过设置 CSS 规则中"区块"面板的"显示"栏，将块元素和行内元素进行切换。

步骤 9　用鼠标点击"分类"选项组中的"方框"选项，"宽"栏中输入 100，单位选择"像素"；，"高"栏输入 23，单位选择"像素"；取消勾选"填充"下方"全部相同"复选框，只在"上"栏中输入 9，单位选择"像素"，点击【确定】按钮，如图 3-62 所示。

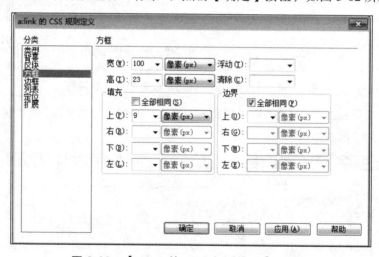

图 3-62　【 a:link 的 CSS 规则定义 】对话框

步骤 10　用鼠标点击【文本】菜单【CSS 样式】的"新建"命令，在弹出的【新建 CSS 规则】对话框中，勾选"选择器类型"的"高级"单选按钮，在"选择器"栏的下拉列表项中选择"a:hover"项，勾选"定义在"的"仅对该文档"单选按钮，点击【确定】按钮，如图 3-63 所示。

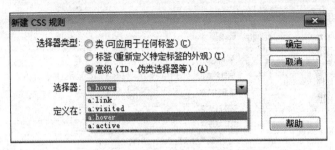

图 3-63　【新建 CSS 规则】对话框

步骤 11　在弹出的【a:hover 的 CSS 规则定义】对话框中，"字体"栏的下拉列表中选择"黑体"；"粗细"栏的下拉列表中选择"粗体"；勾选"修饰"栏中的"下划线"复选框；"颜色"栏中输入"#CC0000"，点击【确定】按钮，如图 3-64 所示。

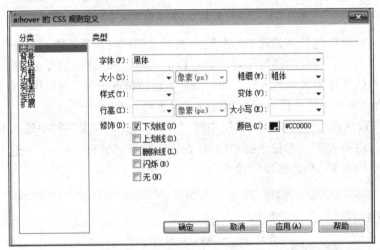

图 3-64　【a:hover 的 CSS 规则定义】对话框

步骤 12　用鼠标点击"分类"选项组中的"背景"选项，"背景颜色"栏中输入"#FFFFFF"（白色），如图 3-65 所示。

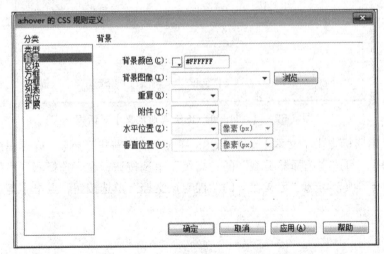

图 3-65　【a:hover 的 CSS 规则定义】对话框

步骤 13 用鼠标点击"分类"选项组中的"方框"选项,"宽"栏中输入 98,单位选择"像素";"高"栏输入 20,单位选择"像素",如图 3-66 所示。

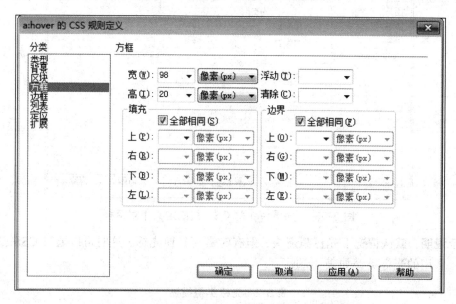

图 3-66 【a:hover 的 CSS 规则定义】对话框

步骤 14 用鼠标点击"分类"选项组中的"边框"选项,勾选"样式"、"宽度"和"颜色"下方的"全部相同"复选框后,"样式"选择"实线";"宽度"输入 1,单位选择"像素";"颜色"输入"#0000FF"(蓝色),如图 3-67 所示。

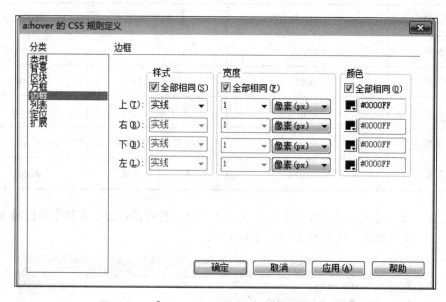

图 3-67 【a:hover 的 CSS 规则定义】对话框

步骤 15 用鼠标点击"分类"选项组中的"扩展"选项,在"光标"栏中选择"crosshair"(十字光标),点击【确定】按钮,如图 3-68 所示。

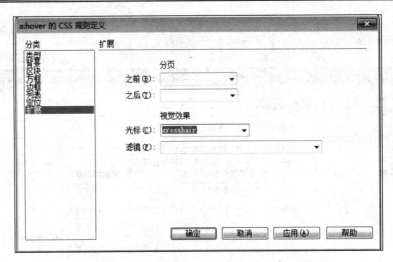

图 3-68 　【a:hover 的 CSS 规则定义】对话框

提示说明：默认情况下光标为箭头，但有时需要其他光标，这时可以通过 CSS 设置光标的类型，常用的光标类型如表 3-2 所示。

表 3-2　光标类型描述

光标类型	说明	光标类型	说明
Ⅰ 自动决定	auto	⬈ 向右上箭头	ne-resize
＋ 十字	crosshair	⬉ 向左上箭头	nw-resize
🖑 默认值	default	↕ 向下箭头	s-resize
↔ 向右箭头	e-resize	⬊ 向右下箭头	se-resize
🖑 手形	hand	⬋ 向左下箭头	sw-resize
ⓘ? 有问号的游标	help	Ⅰ 文字编辑的光标	text
⬌ 移动时的光标	move	忙碌中的游标	wait
↕ 向上箭头	n-resize	↔ 向左箭头	w-resize

步骤 16 点击【文件】菜单的【保存全部】命令，然后再点击【文档】面板的 🌐 图标，将网页在浏览器中预览，预览效果如图 3-69 所示。

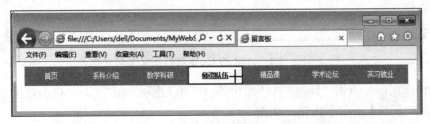

图 3-69　预览效果

本节介绍了 CSS 样式设置菜单，希望读者按照下面的要求完善个人网页：

1. 在个人网页中利用表格对网页的菜单进行布局设置；
2. 利用 CSS 样式设置超链接的 4 个状态，实现特效导航效果。

3.4　用 CSS 设置表格和表单样式

■　学习目标

（1）熟练掌握利用 CSS 层叠样式表对表格元素进行设置的方法；
（2）熟练掌握利用 CSS 层叠样式表对不同表单元素进行设置的方法。

■　基本原理

　　网页中的表格和表单元素起着非常重要的作用，表格用于网页布局，为浏览者提供内容结构的规划效果，而不同的表单元素用于搜集浏览者的输入，为浏览者提供一种交互性的操作。为了使网页达到协调、美观的显示效果，利用 CSS 层叠样式表对其设置是必不可少的。

■　操作环境

　　电脑操作系统 Windows Vista/2007/2008、Dreamweaver CS3 软件、IE 浏览器。

3.4.1　使用 CSS 创建表格样式

　　步骤 1　接上例。在"msgboard1.html"网页中插入表格，设置表格的"宽"为 700 像素，"行"为 6，"列"为 1，"对齐"栏中选择"居中对齐"，"填充"、"间距"和"边框"栏都输入 0，表格属性如图 3-70 所示。

图 3-70　表格【属性】面板

　　步骤 2　在表格的第一行输入文本内容，第二行、第三行和第四行插入表单中的"文本域"控件，第五行插入表单中的"文本区域"控件，第六行插入表单中的"按钮"控件，其中设置"文本区域"控件的"字符宽度"为 97，"行数"为 10，如图 3-71 所示。

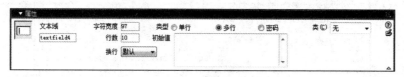

图 3-71　文本区域【属性】面板

步骤 3　用鼠标点击【文本】菜单下【CSS 样式】的"新建"命令，在弹出的【新建 CSS 规则】对话框中，勾选"选择器类型"的"类"单选按钮，在"名称"栏的下拉列表项中选择 ".table"项，勾选"定义在"的"仅对该文档"单选按钮，点击【确定】按钮，如图 3-72 所示。

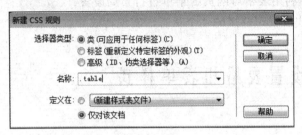

图 3-72　【新建 CSS 规则】对话框

步骤 4　在弹出的【.table 的 CSS 规则定义】对话框中，"字体"栏的下拉列表中选择"黑体"；"大小"栏输入 12，如图 3-73 所示。

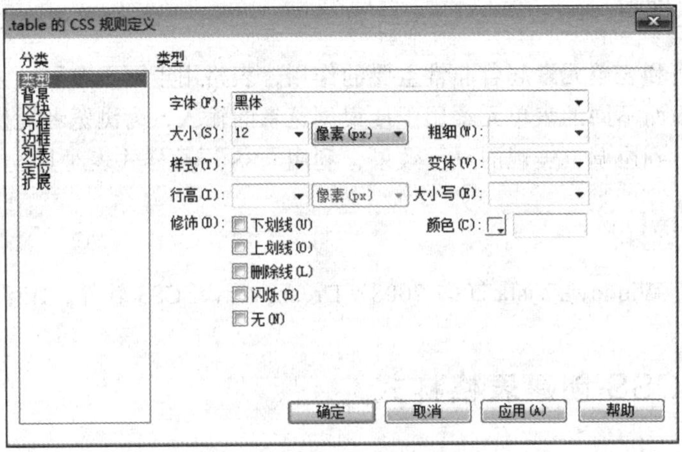

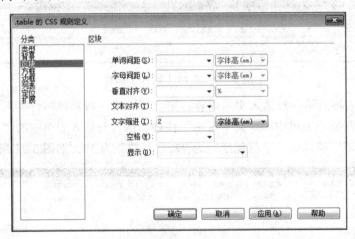

图 3-73　【.table 的 CSS 规则定义】对话框

步骤 5　用鼠标点击"分类"选项组中的"区块"选项，在"文本缩进"栏中输入 2，单位选择"字体高"，如图 3-74 所示。

图 3-74　【.table 的 CSS 规则定义】对话框

步骤 6 用鼠标点击"分类"选项组中的"边框"选项，勾选"样式"、"宽度"和"颜色"下方的"全部相同"复选框后，"样式"选择"实线"；"宽度"输入 1，单位选择"像素"；"颜色"输入"#39B6DE"，点击【确定】按钮，如图 3-75 所示。

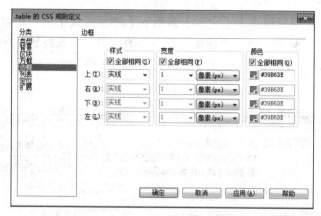

图 3-75 【.table 的 CSS 规则定义】对话框

步骤 7 用鼠标选中表格，选择【属性】面板中"类"栏的"table"项，如图 3-76 所示。

图 3-76 表格【属性】面板

步骤 8 点击【文件】菜单的【保存全部】命令，然后再点击【文档】面板的  图标，将网页在浏览器中预览，预览效果如图 3-77 所示。

图 3-77 预览效果

3.4.2　使用 CSS 创建表单样式

█ 操作步骤

步骤 1　接上例。用鼠标点击【文本】菜单下【CSS 样式】的"新建"命令，在弹出的【新建 CSS 规则】对话框中，勾选"选择器类型"的"类"单选按钮，在"名称"栏的下拉列表项中选择".input"项，勾选"定义在"的"仅对该文档"单选按钮，点击【确定】按钮，如图 3-78 所示。

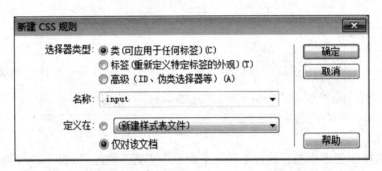

图 3-78　【新建 CSS 规则】对话框

步骤 2　在弹出的【.input 的 CSS 规则定义】对话框中，"字体"栏的下拉列表中选择"黑体"；"颜色"栏输入"#000000"（黑色），如图 3-79 所示。

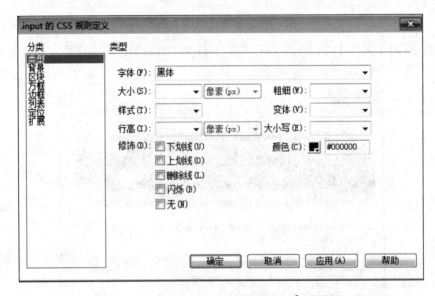

图 3-79　【.input 的 CSS 规则定义】对话框

步骤 3　用鼠标点击"分类"选项组中的"背景"选项，"背景颜色"栏中输入"#FFFFFCC"（浅黄色），如图 3-80 所示。

步骤 4　用鼠标点击"分类"选项组中的"边框"选项，勾选"样式"、"宽度"和"颜色"下方的"全部相同"复选框后，"样式"选择"实线"；"宽度"输入 1，单位选择"像素"；"颜色"输入"#39B6DE"，点击【确定】按钮，如图 3-81 所示。

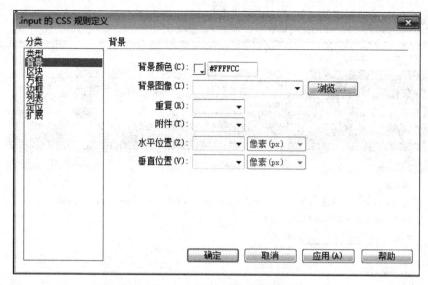

图 3-80　【.input 的 CSS 规则定义】对话框

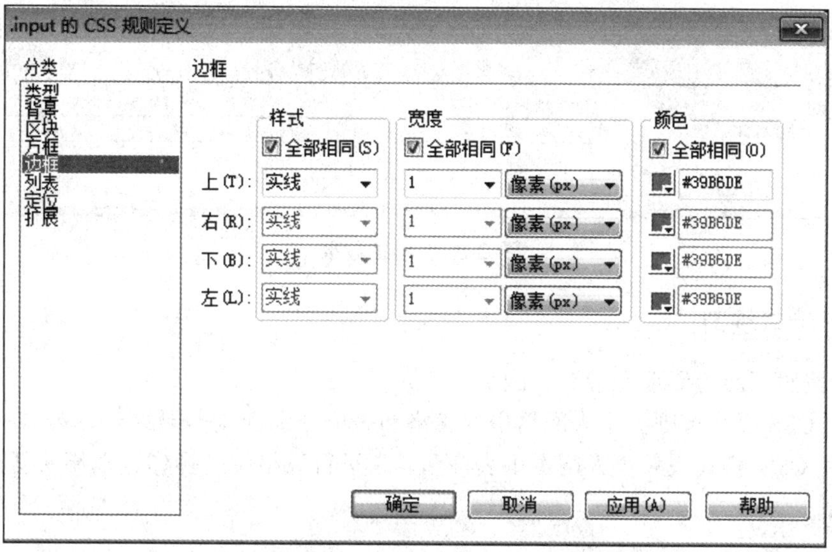

图 3-81　【.input 的 CSS 规则定义】对话框

步骤 5　用鼠标分别选中表格中的"文本域"、"文本区域"和"按钮"控件,将下方【属性】面板中"类"栏都选择为"input"项,如图 3-82 所示。

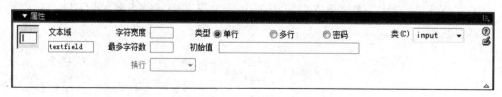

图 3-82　表单【属性】面板

步骤 6　点击【文件】菜单的【保存全部】命令,然后再点击【文档】面板的 　　图标,将网页在浏览器中预览,预览效果如图 3-83 所示。

图 3-83   预览效果

思考与练习

请读者按照下面的要求完善个人网页：

1. 利用 CSS 语法规则为个人网页中的表格和表单分别创建不同的 CSS 样式；

2. 利用 CSS 样式表对个人网页中表格和表单进行风格统一操作，以便给浏览者留下好的视觉效果。

第 4 章　网页内部使用动态技术

4.1　使用层和时间轴

■ 学习目标

（1）了解层和时间轴的基本知识；
（2）掌握层的创建和使用方法；
（3）掌握时间轴的使用方法；
（4）掌握层和时间轴结合使用的技巧。

■ 基本原理

层在网页中主要用于网页布局，利用 dreamweaver 工具能很方便地创建多个层，并且每个层都可以自由移动，层与层之间有一种层次效果。时间轴为网页简单动画效果提供了技术支持，层与时间轴相结合，可以实现简单的动画效果，如将不同的网页元素放入层中，然后设置时间轴，可以达到层随时间的变化而发生位置的相应改变，从而实现一种动画效果。

1．层

层主要是为网页精确布局而提供的一种元素，它在网页中的标记名称为 DIV，可以通过设置层位置属性调整网页布局效果，多个层之间还有层次位置关系，层的具体属性如图 4-1 所示。

图 4-1　层的【属性】面板

层编号：设置层的名称，不同层的名称不相同。
左属性：设置层相当于网页或父层左边的位置。
上属性：设置层相当于网页或父层顶部的位置。
宽属性：设置层的宽度。
高属性：设置层的高度。
Z 轴属性：设置层与层之间的上下层叠关系，值越大表示该层越靠近浏览者，值越小该层的位置越靠后。
可见性：设置层在初始状态时是显示还是隐藏状态。

背景图像：设置以图像作为层的背景。

背景颜色：设置以色彩作为层的背景。

溢出属性：设置当层中的内容超出了层的显示区域时处理的方式，分别有 visible、hidden、scroll 和 auto 四种方式。

剪辑属性：设置层四周精确尺寸的可见区域。

2．时间轴

时间轴是 Dreamweaver 工具中提供的一种元素，它用于在不同时间段，设置不同网页元素的位置，从而实现网页中某些特定的动画效果。时间轴的控制面板如图 4-2 所示。

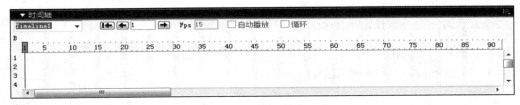

图 4-2　【时间轴】控制面板

　![timeline1 ▼]：点击时间线的下拉列表项，可以切换不同的时间线。

　![◀1 ▶]：控制动画播放，点击左右两边的按钮，使当前帧回退和前进，输入框中的数字表示当前帧的位置。

帧频率：表示每一秒播放的帧数，可以调整值的大小，来设置播放速度。

自动播放：该项被选中时，表示浏览者打开文档时自动播放动画。

循环：该项被选中时，表示当动画播放完毕后，继续从头开始循环播放。

【B】：表示行为通道，该通道上主要显示时间轴上添加了行为的位置，当动画播放到添加了行为的帧时，将运行所设定的行为。

图层通道：在该通道上放置和编辑图层的内容。

■ 操作环境

电脑操作系统 Windows Vista/2007/2008、Dreamweaver CS3 软件、IE 浏览器。

4.1.1　创建层

本节将制作一个关于"学生活动"的主题网页，通过本节的学习，希望读者能够掌握层的创建和基本使用方法。在开始本节的学习之前，先将三张素材图片"action1.jpg"、action1.jpg"和"action3.jpg"复制到根目录下的"image"文件夹中。

■ 操作步骤

步骤 1　使用鼠标右键单击"MyWebSite"站点列表项的根文件夹，选择弹出快捷菜单中的【新建文件】命令，将"untitled.html"默认的文件名改为"action.html"（学生活动），按回车键确认修改。

步骤 2　用鼠标点击【插入】菜单下【布局对象】的"层"命令，在网页中出现层对象，用鼠标拖动层的左上角 ▯ 图形，可以将层对象任意移动位置，拖放层框的边缘点 ▃ 修改层的尺寸大小，如图 4-3 所示。

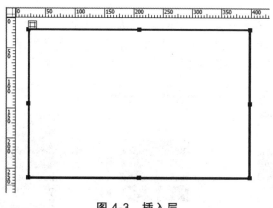

图 4-3　插入层

步骤 3　选中层后，在下方的【属性】面板中，将默认的层名称"Layer1"改为"actionLayer"，如图 4-4 所示。

图 4-4　层【属性】面板

步骤 4　将光标移到层内闪烁后，输入"文传系学生实训平台见面会"文本，选中文本，选择下方【属性】面板中"格式"栏的"标题 3"项，按下 ▤ 图标（居中对齐），如图 4-5 所示。

图 4-5　文本【属性】面板

步骤 5　在文本末尾按下回车键，然后在"actionLayer"层中再插入一个新层，将新层的默认名称改为"actionPic"，如图 4-6 所示。

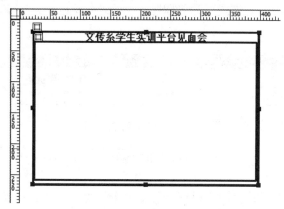

图 4-6　嵌套层

4.1.2　利用层制作图片水印效果

■ 操作步骤

步骤 1　接上例。将光标移到 "actionPic" 层内闪烁，然后点击【插入】菜单中的【图像】命令，在弹出的【选择图像源文件】对话框中，选择根目录下 "image" 文件夹中的 "action1.jpg" 图片，如图 4-7 和图 4-8 所示。

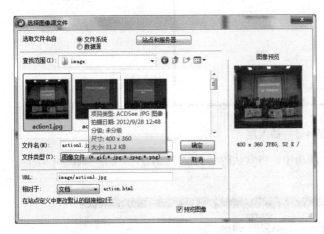 

图 4-7　【选择图像源文件】对话框　　　　　　图 4-8　层中插入图片

步骤 2　选中图片，在下方的【属性】面板中设置图片大小属性，如图 4-9 所示。

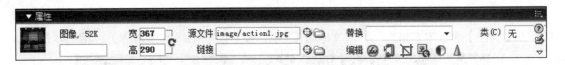

图 4-9　图片【属性】面板

步骤 3　选中 "actionPic" 层后，用鼠标点击【插入】菜单中【布局对象】的 "层" 命令，在【属性】面板中，将层的默认名称改为 "webtext"。

步骤 4　将光标移到 "webtext" 层内闪烁后，输入 "文传系夸父网" 文本。选中文本后，设置下方【属性】面板中的 "格式" 为 "标题 5"，"文本颜色" 为 "#FF0000"（红色），如图 4-10 所示。

图 4-10　文本【属性】面板

步骤 5　用鼠标拖曳 "webtext" 层左上角的▢图形到 "action1.jpg" 图形的右下方，如图 4-11 所示。

步骤 6　点击【文件】菜单的【保存全部】命令，然后再点击【文档】面板的 🌐 图标，将网页在浏览器中预览，预览效果如图 4-12 所示。

图 4-11 使用层为图片添加水印

图 4-12 预览效果

4.1.3 使用时间轴的关键帧制作图片切换

 **操作步骤**

步骤 1 接上例。在"action.html"网页中，点击【窗口】菜单中的【时间轴】命令，下方出现【时间轴】面板，如图 4-13 所示。

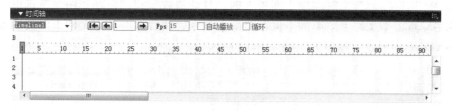

图 4-13 【时间轴】面板

步骤 2 选中网页中的图片对象，鼠标按住图片，将其拖放到时间轴的第一时间线上，设置播放帧的长度为 20，如图 4-14 所示。

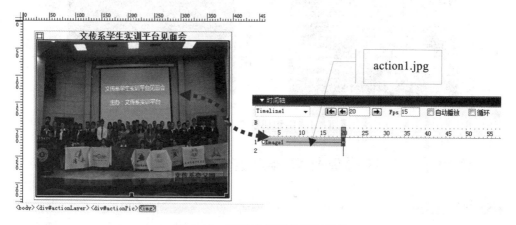

图 4-14 拖动图像对象到时间轴

　　提示说明：可以根据需要，将某些不需要的帧删除。具体操作：鼠标左键选中待删除的帧，然后点击鼠标右键，在弹出的快捷菜单中选中【移除帧】命令即可。同理，使用类似方法可以添加帧。

　　步骤3　将光标移到【时间轴】面板中的第 21 帧处，接着鼠标点击图片，在下方的【属性】面板中，修改"源文件"栏中的内容为"image/action2.jpg"，然后将该图像对象拖放到【时间轴】面板的第一时间线的第 21 帧处，设置播放帧的长度为 20（同样设置和操作将 action3.jpg 的图像对象拖放到时间轴，播放帧的长度为 20），如图 4-15 所示。

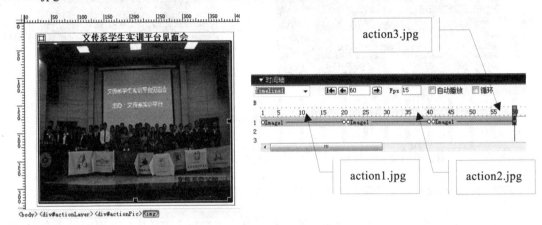

图 4-15　拖动图像对象到时间轴

　　步骤4　用鼠标勾选【时间轴】面板上的"自动播放"和"循环"两个复选框。

　　步骤5　点击【文件】菜单的【保存全部】命令，然后再点击【文档】面板的 🌐 图标，将网页在浏览器中预览，预览效果如图 4-16 所示。

图 4-16　自动切换图片预览效果

4.1.4　使用录制层路径制作漂浮广告

■ 操作步骤

　　步骤1　接上例。用鼠标点击【插入】菜单下【布局对象】中的"层"命令，在下方的

【属性】面板中，将层的默认名称改为"ad"。

　　步骤 2　光标移到"ad"层内闪烁后，输入"欢迎来到文传系夸父网！"文本。选中文本后，设置下方【属性】面板中的"格式"为"标题 5"，"文本颜色"为"#FF0000"（红色），如图 4-17 所示。

图 4-17　文本【属性】对话框

　　步骤 3　用鼠标点击【时间轴】面板中的第一帧处，将新的动画对象在第二条时间线上创建，第一帧为起始帧，如图 4-18 所示。

图 4-18　设置当前帧的位置

　　步骤 4　用鼠标点击"ad"层，当鼠标指针变为 ✛ 图标时，单击鼠标右键，在弹出的快捷菜单中选择【记录路径】命令，如图 4-19 所示。

图 4-19　【记录路径】命令

　　步骤 5　在网页中，使用鼠标拖动"ad"层，创建一条路径，同时【时间轴】面板中出现一个多组关键字组合而成的动画时间线，如图 4-20 所示。

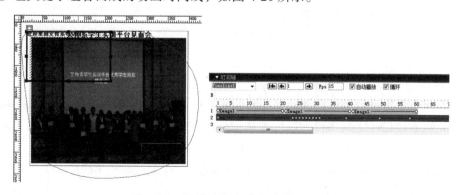

图 4-20　记录路径方式创建的时间轴

步骤6 用鼠标重新勾选【时间轴】面板上的"自动播放"和"循环"两个复选框。

步骤7 点击【文件】菜单的【保存全部】命令，然后再点击【文档】面板的 图标，将网页在浏览器中预览，预览效果如图 4-21 和图 4-22 所示。

图 4-21 预览效果 1　　　　　　　　图 4-22 预览效果 2

提示说明：层中除了可以插入文字以外，还可以插入图片、动画、超链接等元素，读者可以根据实际需求灵活运用层和时间轴创建动画，可以为网页添加丰富的效果。

思考与练习

本节讲解了层与时间轴的基本功能，读者可以按照下面的要求完善如下个人网页：
1. 在个人网页中利用层和时间轴，实现图片自动切换效果。
2. 利用层和时间轴，为个人网页设置动态漂浮的广告。

4.2 使用行为

学习目标

（1）了解网页中行为的基本知识；
（2）熟练掌握网页中行为的添加和运用技巧。

基本原理

行为是网页中提供的另外一种动态技术，通常使用行为需要编写 Javascript（脚本）代码，但是 Dreamweaver CS3 工具将行为以可视化组件的方式提供给制作者。该组件大大地简化了工作量，为制作者在网页中添加动态效果提供了一条捷径。

行为也是一种活动，在实施这种活动时，必须要有对象、事件和动作三个要素。下面分别介绍这三种元素。

　　对象是指行为实施的个体，网页中的绝大部分元素可以是行为的对象，如段落、图片、超链接等。

　　事件是指触发效果的某种操作，网页中的事件通常分为鼠标事件、键盘事件、加载事件和关闭网页事件。鼠标事件是鼠标移到、点击或停靠等触发的行为，如 onmouseover、onclick 和 onmousedown。键盘事件是按键的按下或弹起等操作触发的行为，如 onkeydown 和 onkeyup。加载事件是首次加载网页时触发的行为，如 onLoad。关闭网页事件是当网页被关闭时触发的行为，如 onunload。

　　动作是指实施行为后最终完成的特定任务，如弹出信息、打开浏览器窗口、交换图像、播放和停止播放等任务。

■ 操作环境

　　电脑操作系统 Windows Vista/2007/2008、Dreamweaver CS3 软件、IE 浏览器。

4.2.1　打开浏览器窗口

■ 操作步骤

步骤 1　鼠标双击【文件】面板中的"sitemap1.html"文件，将其打开。

步骤 2　选中网页中的"首页"文本，如图 4-23 所示。

步骤 3　打开【标签检查器】中的【行为】面板。用鼠标点击【行为】面板中的 ➕ 图标，在弹出的快捷菜单中选择"打开浏览器窗口"命令，如图 4-24 所示。

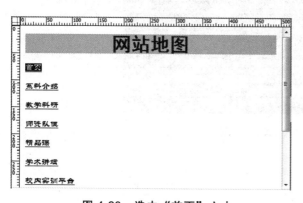

图 4-23　选中"首页"文本

图 4-24　【打开浏览器窗口】命令

步骤 4　在弹出的【打开浏览器窗口】对话框的"要显示的 URL"栏中输入"index.html"（或点击【浏览】按钮选择链接文件），"窗口宽度"栏中输入 500，"窗口高度"栏中输入 500，"窗口名称"栏中输入"主页"文本，点击【确定】按钮，如图 4-25 所示。

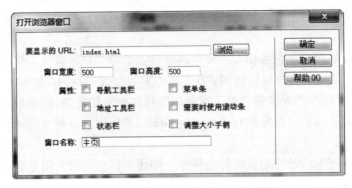

图 4-25 【打开浏览器窗口】对话框

步骤 5 点击【文件】菜单的【保存全部】命令，然后再点击【文档】面板的 🌐 图标，将网页在浏览器中预览，预览效果如图 4-26 所示。

图 4-26 预览效果

4.2.2 弹出信息

■ 操作步骤

步骤 1 接上例。选中网页中的"系科介绍"文本，如图 4-27 所示。

步骤 2 打开右方【标签检查器】中的【行为】面板。用鼠标点击【行为】面板中的 ➕ 图标，在弹出的快捷菜单中选择"弹出信息"命令，如图 4-28 所示。

步骤 3 在弹出的【弹出信息】对话框的"消息"栏中输入相关文本后，点击【确定】按钮，如图 4-29 所示。

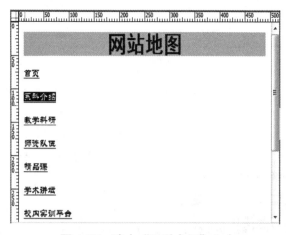

图 4-27　选中"系科介绍"文本

图 4-28　【弹出信息】命令

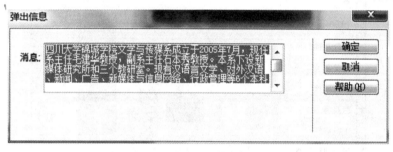

图 4-29　【弹出信息】对话框

步骤 4　点击【文件】菜单的【保存全部】命令，然后再点击【文档】面板的 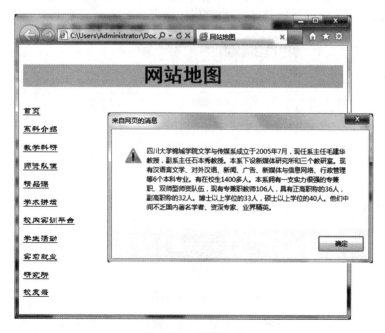 图标，将网页在浏览器中预览，预览效果如图 4-30 所示。

图 4-30　预览效果

4.2.3 显示和隐藏层

操作步骤

步骤 1 接上例。用鼠标点击【插入】菜单下【布局对象】中的"层"命令，在下方的【属性】面板中，将层的默认名称改为"sitemap"。

步骤 2 将光标移到"sitemap"层内闪烁，然后点击【插入】菜单中的【图像】命令，在弹出的【选择图像源文件】对话框中，选择根目录下"image"文件夹中的"sitemap.jpg"图片。

步骤 3 选中网页中的"隐藏"文本，如图 4-31 所示。

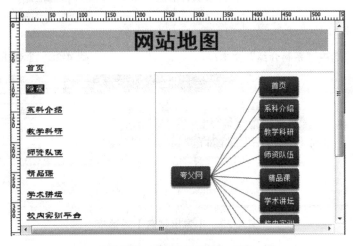

图 4-31 选中"隐藏"文本

步骤 4 打开右方【标签检查器】中的【行为】面板。用鼠标点击【行为】面板中的图标，在弹出的快捷菜单中选择"显示-隐藏层"命令，如图 4-32 所示。

图 4-32 【显示-隐藏层】命令

步骤 5 在弹出的【显示-隐藏层】对话框的"命名的层"栏中选定需要隐藏的层，接着点击下方【隐藏】按钮，然后点击【确定】按钮，如图 4-33 所示。

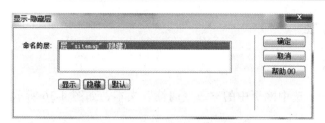

图 4-33　【显示-隐藏层】对话框

步骤 6　点击【文件】菜单中的【保存全部】命令，然后再点击【文档】面板的 图标，将网页在浏览器中预览，预览效果如图 4-34 和图 4-35 所示。

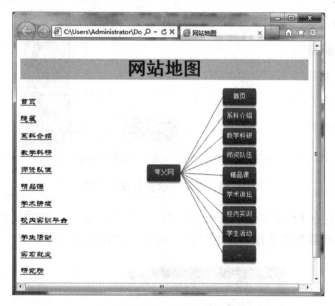

图 4-34　默认预览

图 4-35　单击隐藏后预览效果

4.2.4　改变属性

操作步骤

步骤 1　接上例。选中网页中的"改变属性"文本，如图 4-36 所示。

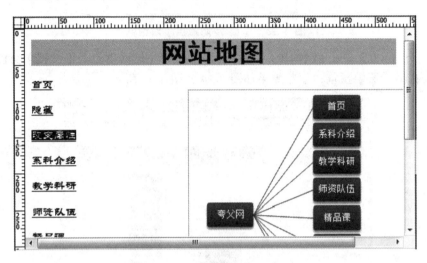

图 4-36　选中"改变属性"文本

步骤 2　打开右方【标签检查器】中的【行为】面板。用鼠标点击【行为】面板中的图标，在弹出的快捷菜单中选择"弹出信息"命令，如图 4-37 所示。

图 4-37　【改变属性】命令

步骤 3　在弹出的【改变属性】对话框中，选择"对象类型"栏中的"IMG"项，自动选取网页中已命名的对象"map"，"新的值"栏中输入"image/major.jpg"（图片的相对路径），点击【确定】按钮，如图 4-38 所示。

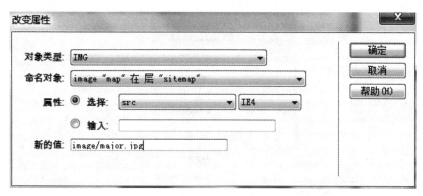

图 4-38　【弹出信息】对话框

提示说明： 使用行为对图片设置"改变属性"时，需要先将图片进行命名。为图片命名的具体操作是：选中图片，在【属性】面板左侧的"图像"栏中输入框名称即可。

步骤 4　点击【文件】菜单中的【保存全部】命令，然后再点击【文档】面板的 🌐 图标，将网页在浏览器中预览，预览效果如图 4-39 所示。

图 4-39　预览效果

4.2.5　设置状态栏

▰ 操作步骤

步骤 1　接上例。选中图片。

步骤 2　打开右方【标签检查器】中的【行为】面板。

步骤 3　用鼠标点击【行为】面板中的 图标，在弹出的快捷菜单中选择【设置文本】中的【设置状态栏文本】命令，如图 4-40 所示。

图 4-40   【设置状态栏文本】命令

步骤 4   在弹出的【设置状态栏文本】对话框的"消息"栏中输入"欢迎您来到本网站！"，点击【确定】按钮，如图 4-41 所示。

图 4-41   【设置状态栏文本】对话框

步骤 5   点击【文件】菜单中的【保存全部】命令，然后再点击【文档】面板的 图标，将网页在浏览器中预览，预览效果如图 4-42 所示。

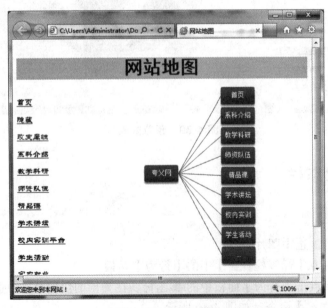

图 4-42   预览效果

思考与练习

通过本节对行为的介绍，读者可以按照下面的要求完善个人网页：

1. 在个人网页中实现打开自定义浏览器窗口；
2. 在个人网页中实现弹出窗口信息；
3. 在个人网页中设置状态栏文本。

第5章 制作"浪漫花屋"网站首页

5.1 "浪漫花屋"网站首页分析

　　"浪漫花屋"实体店主要经营鲜花，通过网站来开拓互联网领域的市场，网站的主要栏目有自助订花、绿色植物、花之物语、会员中心、联系我们和常见问题。

　　本章通过一个综合的实验将前面所学的 HTML 标记、CSS 层叠样式表、脚本等知识进行整合，完成"浪漫花屋"网站首页的制作。其中首页包括 8 个模块：Banner（横幅）、导航菜单、用户登录、本站快讯、鲜花分类、鲜花推荐、新品上市、版权声明。效果如图 5-1 所示。

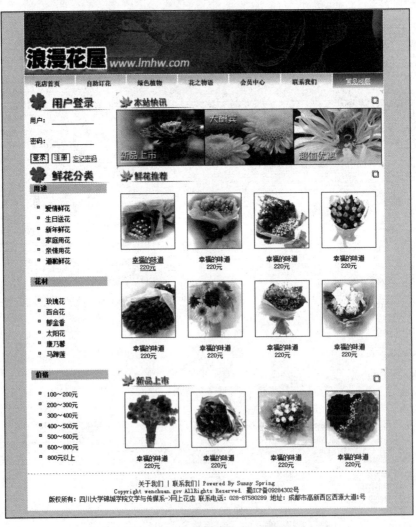

图 5-1 "浪漫花屋"的效果图

5.2 "浪漫花屋"网站首页制作

■■■ 学习目标

（1）熟练掌握 Dreamweaver CS3 的操作技巧；

（2）合理运用 HTML 标记、CSS 和脚本等知识来制作网页。

■■■ 基本原理

"浪漫花屋"网站首页的背景色为粉红色（颜色值：#FEDBDF），网页使用表格元素来布局，表格的背景色为"白色"，宽度为"700px"，正文字体大小为"12px"，字体颜色为"黑色"，字体为"宋体"。本节将通过实际操作来实现网站首页的 8 个组成模块，8 个内容模块的制作说明如下。

1．Banner

Banner 模块是以图片（img）的方式呈现，位于网页的顶部区域，存放在布局表格（table）的第一行中，图片的大小为"700px"，高度为"120px"。

2．导航菜单

导航菜单模块包括的菜单项有：花店首页、自助订花、绿色植物、花之物语、会员中心、联系我们和常见问题。其中，当鼠标经过菜单项时，菜单的样式发生变化是采用"鼠标经过图像"功能利用两张图片（img）来实现的。

3．用户登录

用户登录模块由栏目图片（img）、文本域（input）、密码域（input）、按钮（input）和超链接（a）组成。其中，文本域和密码域的样式为只有下边框线，登录和注册按钮的 4 个边框线样式为线条，超链接默认没有下划线，鼠标经过时有下划线。

4．本站快讯

本站快讯模块包括 3 张图片（img），从左向右依次排列。

5．鲜花分类

鲜花分类模块包括用途、花材和价格 3 个大类，使用标题标记（h5），每个类别中的列表（ul 和 li）信息都是超链接（a），它们的样式为默认没有下划线，鼠标经过时有下划线。

6．鲜花推荐

鲜花推荐模块是由两行（tr）组成，每行有 4 个单元格（td），每个单元格中放置尺寸一致的图片（img）和文本超链接（a），每张图之间间隔相同距离，超链接默认没有下划线，鼠标经过时有下划线。

7．新品上市

新品上市模块是由一行（tr）组成，一行中有 4 个单元格（td），每个单元格中放置的内容样式与"鲜花推荐"模块一致。

8．版权声明

版权声明模块位于布局表格的最底部，主要存放网站的版权说明和联系信息等。
"浪漫花屋"网站首页所有的图片素材存放在与首页文件同目录下的"images"文件夹中。

■ 操作环境

电脑操作系统 Windows Vista/2007/2008、Dreamweaver CS3 软件，IE 浏览器。

5.2.1　用表格布局首页框架

■ 操作步骤

步骤 1　启动 Dreamweaver CS3 软件，创建一个名称为"flowerWebSite"的站点。
步骤 2　选中"文件"面板中站点根目录，将名称为"images"和"menu"的两个文件夹复制到该站点中，如图 5-2 所示。

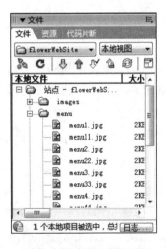

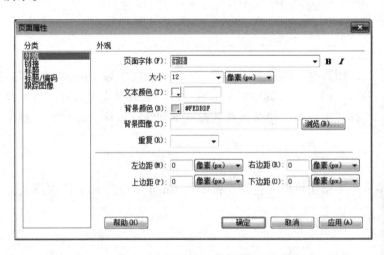

图 5-2　设置站点对话框　　　　　　　　图 5-3　【页面属性】对话框

步骤 3　使用鼠标右键单击"flowerWebSite"站点列表项的根文件夹，选择弹出快捷菜单中的【新建文件】命令，将"untitled.html"默认的文件名改为"index.html"，按回车键确认修改。

步骤 4 双击"index.html"文件,点击【文档】栏中的"设计"按钮,切换为"设计视图"状态。

步骤 5 鼠标点击【属性】面板中的"页面属性"按钮,在弹出的【页面属性】对话框中,设置"外观"面板中的字体为"宋体",大小为"12px",背景颜色为"#FEDBDF"(粉色),上下左右四个边距都为"0px",如图 5-3 所示。

步骤 6 将光标移至网页的第一行处,点击【插入】菜单中的【表格】命令,如图 5-4 所示,弹出【表格】对话框。

步骤 7 在【表格】对话框中的"行数"、"列数"和"表格宽度"输入框中分别输入"2,7,700","边框粗细"、"单元格边距"和"单元格间距"输入框中输入"0,0,0",单击【确定】按钮,完成表格的插入,如图 5-5 所示。

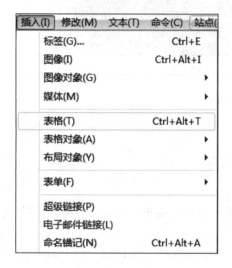

图 5-4 【插入表格】命令对话框   图 5-5 【表格】对话框

步骤 8 选中表格,然后选择下方【属性】面板中"对齐"下拉列表中的"居中对齐"项,使表格始终处于页面居中对齐的位置,如图 5-6 所示,设计视图中的效果如图 5-7 所示。

图 5-6 表格【属性】面板

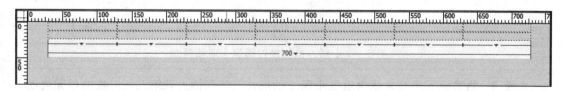

图 5-7 设计视图中的效果

5.2.2　导入"Banner 图像"

■ 操作步骤

步骤 1　接上例，选中表格第一行的所有单元格，然后点击【属性】面板左下方的 ▣（合并所选单元格）图标，将第一行的 7 个单元格合并成一个单元格。

步骤 2　光标移至表格的第一行里，点击【插入】菜单的【图像】命令。

步骤 3　在弹出的【选择图像源文件】对话框中选择站点目录下"images"文件夹中的"banner.jpg"，然后点击【确定】按钮，"设计视图"中的效果如图 5-8 所示。

图 5-8　效果图

5.2.3　制作"导航菜单"

■ 操作步骤

步骤 1　接上例。将光标移动至表格第二行的第一个单元格里，点击【插入】菜单下【图像对象】中的【鼠标经过图像】命令。

步骤 2　在弹出的【插入鼠标经过图像】对话框中，点击"原如图像"的【浏览】按钮，选择站点中 menu 文件夹中的 menu1.jpg 图像；点击"鼠标经过图像"的【浏览】按钮，选择站点中 menu 文件夹中的 menu11.jpg 图像，如图 5-9 所示。

图 5-9　【插入鼠标经过图像】对话框

步骤 3　将其他 6 个菜单依次重复步骤 2 的操作，将其插入到第二行对应的单元格中，"设计视图"的效果如图 5-10 所示。

图 5-10 效果图

5.2.4 制作"用户登录"

■ 操作步骤

步骤 1 接上例。将光标移至第一个表格的末尾处，点击【插入】菜单中的【表格】命令，如图 5-11 所示，弹出【表格】对话框。

步骤 2 在【表格】对话框中的"行数"、"列数"和"表格宽度"输入框中分别输入"4，2，700"，"边框粗细"、"单元格边距"和"单元格间距"输入框中输入"0，0，0"，单击【确定】按钮，完成表格的插入，如图 5-12 所示。

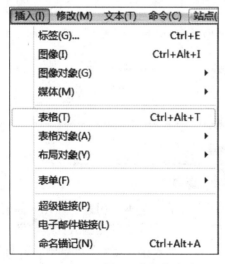

图 5-11 【插入表格】命令

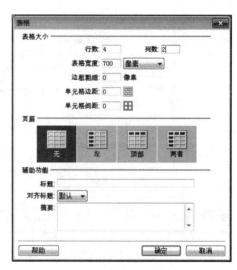

图 5-12 【表格】对话框

步骤 3 选中表格，然后选择下方【属性】面板中"对齐"下拉列表中的"居中对齐"项，使表格始终处于页面居中对齐的位置，设置背景颜色为"#FFFFFF"（白色），如图 5-13 所示，设计视图中的效果如图 5-14 所示。

图 5-13 表格【属性】面板

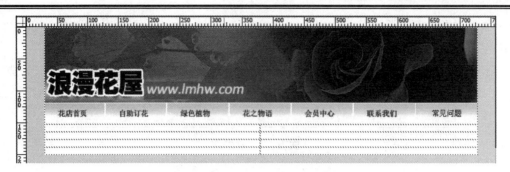

图 5-14　设计视图中的效果图

步骤 4　将光标移至该表格第一行的第一个单元格里，单击【插入】菜单中的【图像】命令，在弹出的【选择图像源文件】对话框中，选择站点中"images"文件夹中的"login.jpg"文件，然后点击【确定】按钮，如图 5-15 所示。

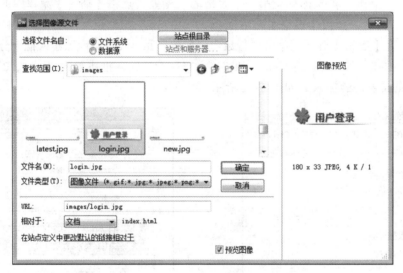

图 5-15　插入"login.jpg"图像

步骤 5　将光标移至该表格的第二行第一个单元格内，输入文本"用户:"，光标移到文本之后，点击【插入】菜单的【表单】中的"文本域"命令，在弹出的【输入标签辅助功能属性】对话框中，点击【取消】按钮，在接着弹出的"是否添加表单标记？"窗口中点击【否】按钮。

步骤 6　重复步骤 5 的操作，在该表格的第三行第一个单元格内，输入文本"密码:"，再添加一个密码域控件。在该表格第四行的第一个单元格内，添加登录按钮、注册按钮和"忘记密码"文本超链接。

步骤 7　鼠标按住表格中间区域的边框线，并向左拖动至距表格左边缘"180px"位置处，然后释放鼠标，效果如图 5-16 所示。

步骤 8　用鼠标点击【文本】菜单下【CSS 样式】中的"新建"命令，在弹出的【新建 CSS 规则】对话框中，勾选"选择器类型"的"类"单选按钮，在"名称"栏中输入文本".inputtext"，勾选"定义在"的"仅对该文档"单选按钮，点击【确定】按钮，如图 5-17 所示。

图 5-16　未设置样式的"用户登录"模块

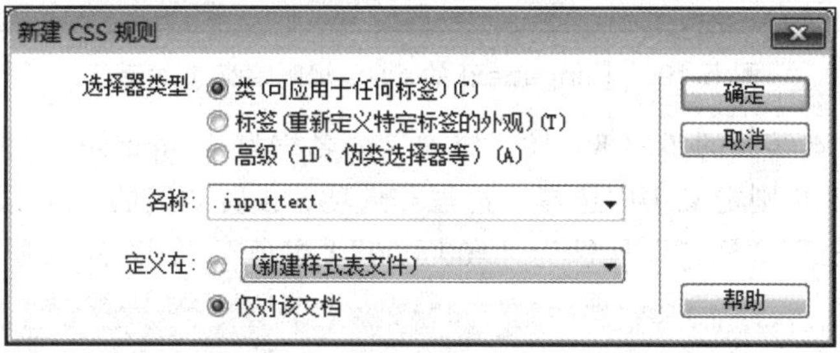

图 5-17　【新建 CSS 规则】对话框

步骤 9　在弹出的【.inputtext 的 CSS 规则定义】对话框中，用鼠标点击"分类"选项组中的"方框"选项，在"宽"栏中选择输入"80 像素"，然后点击【确定】按钮，如图 5-18 所示。

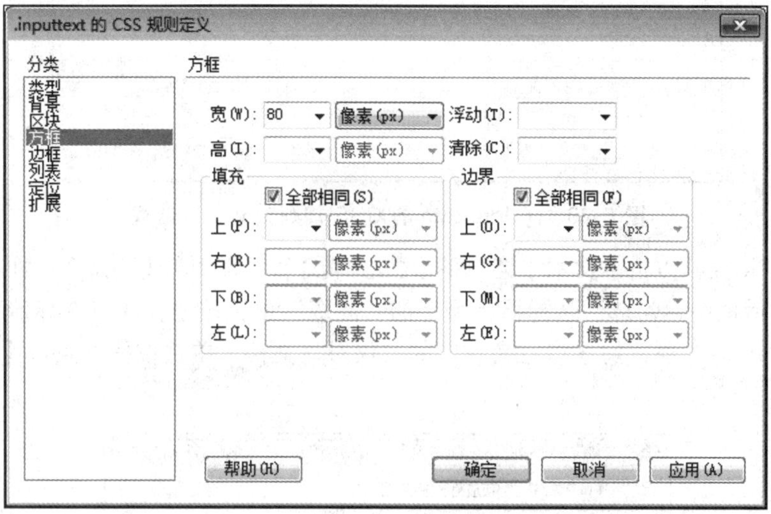

图 5-18　【.inputtext 的 CSS 规则定义】对话框

步骤 10　接着鼠标点击"边框"选项，在"下"栏的"样式"属性中选择"实线"、"宽度"输入"1px"、颜色属性输入"#000000"（黑色），其他三个方向的"样式"属性设置为"无"，然后点击【确定】按钮，如图 5-19 所示。

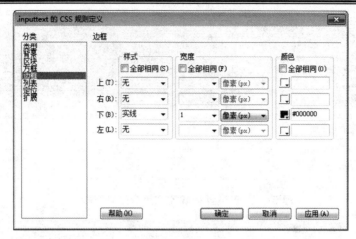

图 5-19 【.inputtext 的 CSS 规则定义】对话框

步骤 11 重复本实验的步骤 8～10，添加一个名称为 ".inputbtn" 的类别选择器，在窗口【inputbtn 的 CSS 规则定义】中选择 "边框" 选项，设置四边的 "样式" 属性为 "实线"、"宽度" 属性为 "1px"、"颜色" 属性为 "#000000"（黑色），如图 5-20 所示。

图 5-20 【.inputbtn 的 CSS 规则定义】对话框

步骤 12 用鼠标点击【文本】菜单下【CSS 样式】中的 "新建" 命令，在弹出的【新建 CSS 规则】对话框中，勾选 "选择器类型" 的 "高级" 单选按钮，在 "选择器" 栏的下拉列表项中选择 "a:link" 项，勾选 "定义在" 的 "仅对该文档" 单选按钮，点击【确定】按钮，如图 5-21 所示。

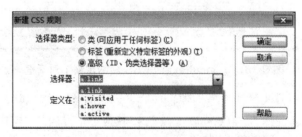

图 5-21 【新建 CSS 规则】对话框

步骤 13　在弹出的【a:link 的 CSS 规则定义】对话框中,只勾选"修饰"栏中的"无"复选框,颜色为"#000000"(黑色),如图 5-22 所示,然后点击【确定】按钮完成规则定义。

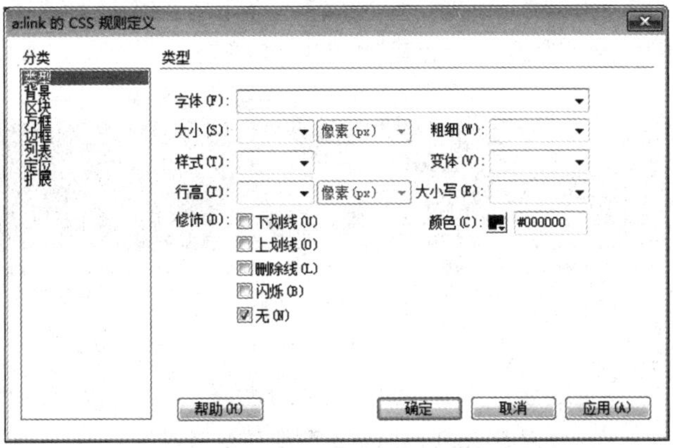

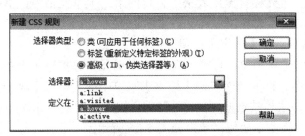

图 5-22　【a:link 的 CSS 规则定义】对话框

步骤 14　用鼠标点击【文本】菜单下【CSS 样式】中的"新建"命令,在弹出的【新建 CSS 规则】对话框中,勾选"选择器类型"的"高级"单选按钮,在"选择器"栏的下拉列表项中选择"a:hover"项,勾选"定义在"的"仅对该文档"单选按钮,点击【确定】按钮,如图 5-23 所示。

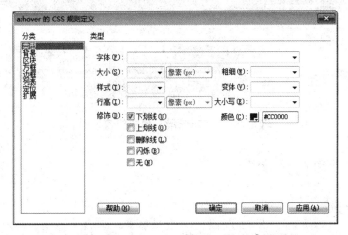

图 5-23　【新建 CSS 规则】对话框

步骤 15　在弹出的【a:hover 的 CSS 规则定义】对话框中,只勾选"修饰"栏中的"下划线"复选框;"颜色"栏中输入"#CC0000",点击【确定】按钮完成设置,如图 5-24 所示。

图 5-24　【a:hover 的 CSS 规则定义】对话框

步骤16 依次选中"用户"和"密码"右方的文本域控件，在下方的【属性】面板中设置"类"属性值为"inputtext"。

步骤17 依次选中"登录"和"注册"按钮，在下方的【属性】面板中设置"类"属性值为"inputbtn"。"用户登录"模块的效果如图 5-25 所示。

图 5-25 "用户登录"模块的效果图

5.2.5 制作"本站快讯"

操作步骤

步骤1 接上例。将光标移至该表格第一行的第二个单元格内，单击【插入】菜单中的【图像】命令，在弹出的【选择图像源文件】对话框中，选择站点中"images"文件夹中的"latest.jpg"文件，然后点击【确定】按钮。

步骤2 鼠标同时选中第 2、3、4 行的第二个单元格，把这三个单元格合并成一个单元格，将光标移动至其内，然后依次单击【插入】菜单中的【图像】命令，在弹出的【选择图像源文件】对话框中，选择站点中"images"文件夹中的"new1.jpg、new2.jpg 和 new3.jpg"3 个文件，然后点击【确定】按钮，效果如图 5-26 所示。

图 5-26 "本站快讯"模块的效果图

5.2.6 制作"鲜花分类"

操作步骤

步骤1 接上例。将光标移至第二个表格的末尾处，点击【插入】菜单的【表格】命令，插入一个行数为"7"、列数为"5"、宽度为"700px"、填充和间距都为"0px"、背景颜色为"白色"和对齐为"居中对齐"的表格。表格的属性如图 5-27 所示。

图 5-27　表格【属性】对话框

步骤 2　将光标移至该表格的第一行第一个单元格内,然后单击【插入】菜单中的【图像】命令,在弹出的【选择图像源文件】对话框中,选择站点中"images"文件夹中的"category.jpg"文件,然后点击【确定】按钮。

步骤 3　在该表格剩下每行的第一个单元格中分别输入 3 个"h5"标记和列表标记,其中列表项的文本信息都是超链接,如图 5-28 所示。

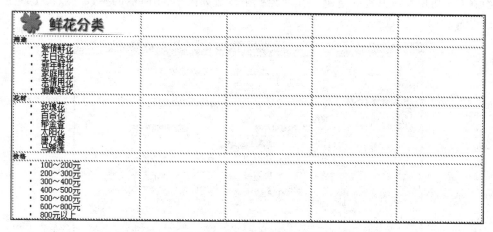

图 5-28　未设置样式表的"鲜花分类"设计视图

步骤 4　重复 5.2.4 节中步骤 8 的操作,创建一个名称为"h5"的标记选择器,如图 5-29 所示。

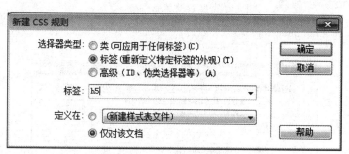

图 5-29　【新建 CSS 规则】对话框

步骤 5　在弹出的【h5 的 CSS 规则定义】对话框中,设置"背景"选项中的"背景颜色"属性值为"#FDCFD2",如图 5-30 所示。

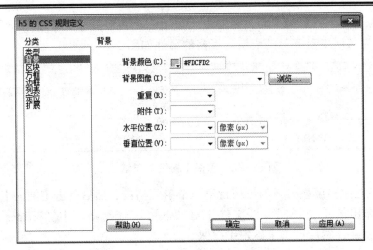

图 5-30 【h5 的 CSS 规则定义】对话框

步骤 6 切换到"方框"选项，在填充栏中设置如图 5-31 所示的参数，点击【确定】按钮完成设置。

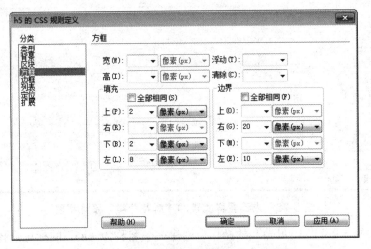

图 5-31 【h5 的 CSS 规则定义】对话框

步骤 7 重复 5.2.4 节中步骤 8 的操作，创建一个名称为"li"的标记选择器，如图 5-32 所示。

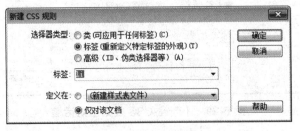

图 5-32 【新建 CSS 规则】对话框

步骤 8 在弹出的【li 的 CSS 规则定义】对话框中，设置"方框"选项中的"填充"和"边界"栏中的属性值，如图 5-33 所示。

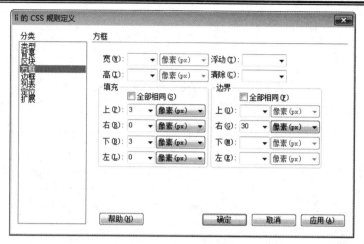

图 5-33　【li 的 CSS 规则定义】对话框

步骤 9　切换到"列表"选项，在列表栏中设置如图 5-34 所示的参数，点击【确定】按钮完成设置。"鲜花分类"模块的效果如图 5-35 所示。

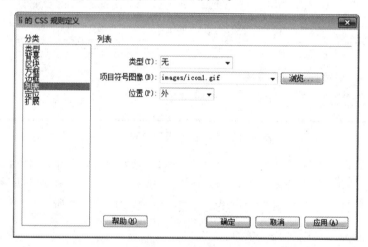

图 5-34　【li 的 CSS 规则定义】对话框

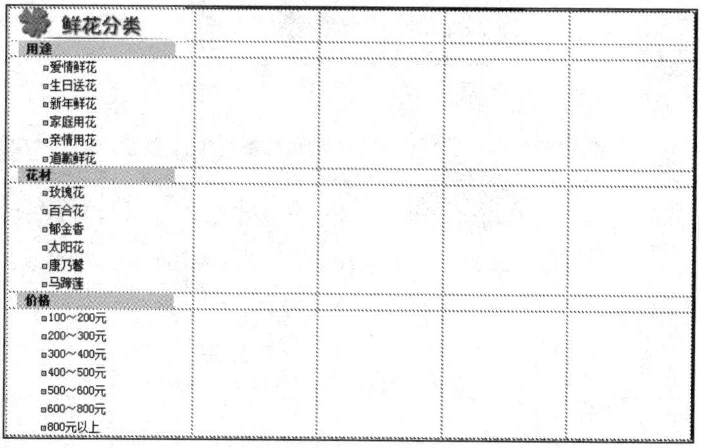

图 5-35　"鲜花分类"模块的效果图

5.2.7 制作"鲜花推荐"

操作步骤

步骤 1 接上例。鼠标同时选中该表格的第一行第 2、3、4、5 单元格，将其合并为一个单元格，然后将光标移至其内，点击【插入】菜单中的【图像】命令，在弹出的【选择图像源文件】对话框中，选择站点中"images"文件夹中的"recommend.jpg"文件，然后点击【确定】按钮。

步骤 2 分别将该表格的第 2、3、4、5 列，依次合并单元格，如图 5-36 所示。

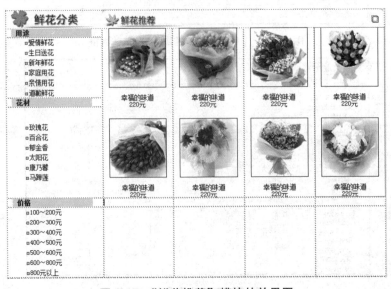

图 5-36 "鲜花推荐"设计视图

步骤 3 依次在合并的单元格内，插入"flower1.jpg、flower2.jpg ~ flower8.jpg"8 个图片文件，并在每个图片的下方输入对应鲜花的文本标题，这个文本标题都是文本超链接，并且设置每个单元格的"水平对齐"属性为"居中"，效果如图 5-37 所示。

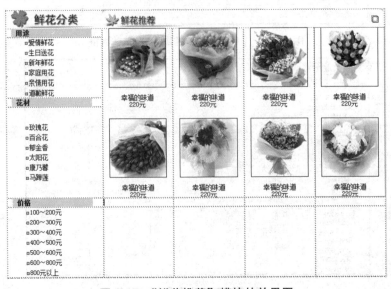

图 5-37 "鲜花推荐"模块的效果图

5.2.8　制作"新品上市"

操作步骤

　　步骤 1　接上例。鼠标同时选中该表格第六行的第 2、3、4、5 单元格，将其合并为一个单元格，然后将光标移至其内，点击【插入】菜单中的【图像】命令，在弹出的【选择图像源文件】对话框中，选择站点中"images"文件夹中的"new.jpg"文件，然后点击【确定】按钮。

　　步骤 2　依次在最后一行的第 2、3、4、5 单元格内，分别插入"flower9.jpg、flower10.jpg、flower11.jpg 和 flower12.jpg"4 个图片文件，并在每个图片的下方输入对应鲜花的文本标题，这个文本标题都是文本超链接，并且设置每个单元格的"水平对齐"属性为"居中"，效果如图 5-38 所示。

图 5-38　"新品上市"模块的效果图

5.2.9　制作"版权声明"

操作步骤

　　步骤 1　接上例。将光标移至第二个表格的末尾处，点击【插入】菜单的【表格】命令，插入 id 属性为"footer"的表格，其中行数为"1"、列数为"1"、宽度为"700px"、填充和间距都为"0px"、背景颜色为"白色"、对齐为"居中对齐"中。表格属性如图 5-39 所示。

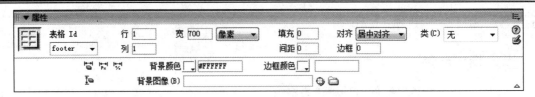

图 5-39　表格【属性】面板

步骤 2　光标移至该表格的第一个单元格内，输入版权声明文本内容"关于我们|联系我们| Powered By…"。

步骤 3　重复 5.2.4 节中步骤 8 的操作，创建一个名称为"#footer"的 ID 选择器，如图 5-40 所示。

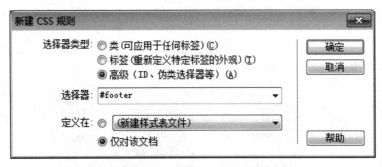

图 5-40　【新建 CSS 规则】对话框

步骤4　在弹出的【#footer 的 CSS 规则定义】对话框中，在"边框"选项中只设置上边框的样式为"虚线"，宽度为"1px"，颜色为"#999999"，如图 5-41 所示。

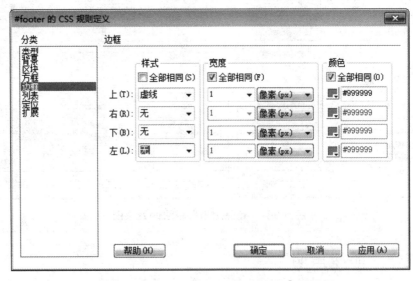

图 5-41　【#footer 的 CSS 规则定义】对话框

步骤 5　在【#footer 的 CSS 规则定义】对话框中点击【确定】按钮完成设置。"版权声明"模块的效果如图 5-42 所示。

关于我们 | 联系我们 | Powered By Sunny Spring
Copyright wenchuan.gov AllRights Reserved. 蜀ICP备09284302号
版权所有：四川大学锦城学院文学与传媒系->网上花店 联系电话：028-87580289 地址：成都市高新西区西源大道1号

图 5-42 "版权声明"模块的效果图

思考与练习

通过本章的学习，希望读者可以按照下面的要求完成"浪漫花屋"首页的制作：

1. 在浪漫花屋的网页中使用"表格"元素来布局整个结构；
2. 使用"鼠标经过图像"功能来实现鼠标经过菜单时的变化效果；
3. 使用 CSS 层叠样式表来对网页中的各个模块进行统一风格。

参考文献

［1］　谢薇. 网页制作实验教程[M]. 北京：中国人民大学出版社，2008.

［2］　温谦. HTML + CSS 网页设计与布局从入门到精通[M]. 北京：人民邮电出版社，2009.

［3］　毋建军，郑宝昆，郭锐. 网页制作案例教程[M]. 北京：清华大学出版社，2011.

［4］　[美]万姆朋（Wempen，F.）. HTML 5 从入门到精通[M]. 北京：清华大学出版社，2012.